→ Welche Merkmale kannst du noch entdecken?

HUTHAUT: Farbe? Velumreste (Pünktchen) vorhanden? Ist sie radialrissig oder hygrophan?

HUTRAND: Ist der Hutrand eingerollt oder nicht?

STIELÜBERGANG: Laufen Lamellen oder Leisten am Stiel herab, sind sie angewachsen oder nicht?

RING: Hat der Pilz einen glatten oder gerieften Ring? Achtung, er kann abfallen!

STIEL: Hat der Stiel Schüppchen? Ist er glatt, genattert oder innen hohl?

STIELBASIS: Ist der Pilz knollig verdickt? Besitzt er Myzelfäden oder eine Scheide?

MILCH: Tritt bei Verletzung Milch aus?

GERUCH: Intensiver Duft, z.B. nach Mehl, Honig, Fisch, Knoblauch, Pilz oder Aas?

STANDORT: Wo ist der Pilz gewachsen? Bäume? Boden? Zeigerpflanzen?

VERFÄRBUNG: Ändert der Pilz im Anschnitt oder auf Druck die Farbe?

SPO
Welc
habe
(sieh

Mehr entdecken, mehr verstehen

DAS KOSMOS VERSPRECHEN

Expertenwissen seit 1822

Welches Thema dich auch begeistert – auf unsere Expertise kannst du dich verlassen. Und das schon seit über 200 Jahren.

Unser Anspruch ist es, dich mit wertvollem Rat zu begleiten, dich zu inspirieren und deinen Horizont zu erweitern.

BEGEISTERUNG DURCH KOMPETENZ

Unsere Autorinnen und Autoren vereinen professionelles Know-how mit großer Leidenschaft für ihre Themen.

WISSEN, DAS DICH WEITERBRINGT

Leicht verständlich, lebensnah und informativ für dich auf den Punkt gebracht.

SACHVERSTAND, DEN MAN SEHEN KANN

Mit aussagestarken Fotos, Zeichnungen und Grafiken werden Inhalte besonders anschaulich aufbereitet.

QUALITÄT FÜR HEUTE UND MORGEN

Dafür sorgen langlebige Verarbeitung und ressourcenschonende Produktion.

NATURE ~ GUIDE

PILZE

Nadja Frotscher-Kanka
@pilzcoachbadenweiler

KOSMOS

Unterwegs mit deinem NatureGuide

NatureGuide – Wissen

NatureGuide – Inspiration

INHALT

Die Pilze – einfach finden mit der Fruchtschicht

DER KOSMOS-FARBCODE

Die Fruchtschicht der Pilze gibt dir eine erste Orientierung, wo im Buch du die verschiedenen Pilze findest.

Ab in den Wald auf Pilzjagd

PILZE SUCHEN IST ZIEMLICH ENTSPANNEND und mit etwas Glück wirst du auch noch mit einer leckeren Mahlzeit belohnt. Hast du erstmal Pilze gefunden, sammle anfangs nicht zu viele davon. Suche dir einen älteren für den Sporenabdruck und einen jüngeren. So kannst du Unterschiede im Aussehen vergleichen und den jungen in der Küche testen, falls es sich um einen Speisepilz handelt. Denn nur, weil er essbar ist, muss er nicht jedem schmecken. Manche Pilze haben eine weiche, andere eine feste Konsistenz, manche eignen sich für Suppen und Saucen, einige zum Anbraten und andere wegen ihrer Faserigkeit als Fleischersatz. Ich rate bei für dich neuen Pilzarten immer zur Einzelverkostung. Wenn du einen Speisepilz sicher bestimmt hast, brate ihn nur mit etwas Butter und Salz in der Pfanne an. So kommen der Geschmack und die Konsistenz am besten heraus. Außerdem gibt es auch bei essbaren Arten manchmal individuelle Unverträglichkeiten und wenn du alle Pilze in einen Topf wirfst, kannst du später schlecht sagen, welcher Pilz besonders lecker war oder welcher vielleicht zu Magengrummeln geführt hat.

Bevor es in den Wald geht …

… solltest du wissen, wo du keine Pilze sammeln darfst, denn nicht überall ist das erlaubt. Dazu gehören Naturschutzgebiete, Nationalparks, Naturdenkmäler und Privatgrundstücke mit Zaun oder Schildern.

ACHTSAM SEIN

Naturschutz ist auch beim Pilzesammeln wichtig. Schutzgebiete findest du beispielsweise beim Bundesamt für Naturschutz.

WIE VIEL DARFST DU SAMMELN? In Deutschland gibt es dazu keine einheitliche Gesetzesregelung. In den Gesetzen heißt es meist, dass Pilze „in kleinen Mengen für den eigenen Bedarf“ gesammelt werden dürfen. Es gilt die sogenannte Handstraußregel. Jedes Land oder Bundesland hat oft zusätzlich eigene Regeln. In der Schweiz gibt es zusätzlich Schonzeiten, zu denen nicht gesammelt werden darf. Ich rate dir: Nimm nur so viel mit, dass es für eine Pilzmahlzeit ausreicht.

WAS DARFST DU EINGESCHRÄNKT ODER GAR NICHT SAMMELN? Einige Pilzarten und manchmal ganze Gattungen sind „geschützt“, dürfen aber in kleinen Mengen für den Eigenbedarf gesammelt werden. Im Buch habe ich sie mit diesem Symbol gekennzeichnet: §.
Dazu gehören unter anderem alle Steinpilzarten (z. B. Fichten-Steinpilz, *Boletus edulis*) und Leistlinge (z. B. Pfifferling, *Cantharellus cibarius*).

Andere sind sogar „streng geschützt". Diese darfst du nicht – auch nicht für den Eigenbedarf – entnehmen. Im Buch habe ich sie so gekennzeichnet: §§.
Dazu gehören unter anderem alle echten Trüffel (*Tuber* spec.) und der Kaiserling (*Amanita caesarea*).

NAMEN

Die „Gattung" ist wie der Nachname eines Pilzes. Die „Art" ist der Vorname. Es gibt also viele Mitglieder der Familie (Gattung) Kanka, aber nur eine Nadja (Art).

Startguide zum richtigen Sammeln

Sammle deine Pilze bitte immer in luftigen Körbchen, denn Pilze mögen kein Plastik. In Plastiktüten beginnt direkt die Eiweißzersetzung, das heißt sie beginnen zu verderben. Außerdem gibt es in Plastik keine ausreichende Luftzirkulation und die einzelnen Exemplare werden oft zerdrückt.

Halte unterschiedliche Pilzarten getrennt voneinander, vor allem, wenn du dir bei der Bestimmung unsicher bist.

Das gilt leider auch für Stoffbeutel, obwohl sie wenigstens luftdurchlässig sind. Vor allem für dich neue Arten sollten sich untereinander möglichst wenig berühren oder angefasst werden, um wichtige Merkmale, wie zum Beispiel einen Ring oder Velumreste auf dem Hut, nicht abzuwischen oder abzubrechen.
Wenn du unbekannte Pilze sammelst – zur Vorlage beim Pilzsachverständigen (PSV) oder zur Bestimmung zu Hause –, ist es auch wichtig, dass du sie von bekannten Speisepilzen trennst. Dein PSV ist dazu angehalten, den ganzen Korbinhalt zu verwerfen, falls eine potenziell tödlich giftige Art Kontakt mit den Speisepilzen hatte. Teile des Giftpilzes könnten abgebrochen sein. Die Giftigkeit eines Pilzes kannst du nicht riechen, schmecken oder sehen! Tiere können Giftpilze fressen, Fraßspuren sind also leider kein Ausschlusskriterium.

HÄNDE WEG?

In Deutschland gibt es keine kontaktgiftigen Pilze – du kannst alles anfassen!

MIT WELCHEN PILZARTEN SOLLTEST DU BEGINNEN? Wenn du Anfänger bist, empfehle ich dir, mit den Röhrlingen zu beginnen. Dazu gehört alles, was einen „Schwamm“ unterm Hut hat. Unter ihnen gibt es zwar magen-darm-giftige, aber keine potenziell tödlich giftige Arten.
Bevor du dich an Lamellenpilze traust, solltest du etwas Erfahrung sammeln. Vor allem bei Pilzen mit weißen Lamellen ist Vorsicht geboten, denn es gibt unter ihnen viele sehr giftige Arten.
WORAN ERKENNST DU ALTE, ÜBERSTÄNDIGE PILZE? Schau dir die Fruchtkörper genau an: Sind trockene oder schmierige Stellen zu sehen? Wie riecht der Pilz? Schneide ihn durch. Oft sind von außen einwandfreie Fruchtkörper innen von Insekten durchfressen. Die meisten Vergiftungen durch Pilze werden nicht durch giftige Pilzarten verursacht, sondern durch den Verzehr überlagerter, nicht ausreichend erhitzter oder schon zu alt gesammelter Speisepilze.

Pfifferlinge mit Trockenschaden – bitte im Wald lassen.

Bei Röhrlingen kannst du zusätzlich einen Drucktest machen. Drücke mit deinem Daumen auf den Hut: Er darf sich nicht eindrücken lassen, sonst ist er bereits überständig.
Übrigens: Pilze, die schon abgetrennt auf dem Waldboden liegen, bleiben bitte auch dort. Selbst das geübteste Pilzauge kann nicht erkennen, wie lange er schon dort liegt und wie weit die Zersetzung fortgeschritten ist. Das gilt auch für „Herbstpilze", die Frost bekommen haben. Die Zellen im Inneren der Pilze platzen bei eisigen Temperaturen auf und die Zersetzung beginnt, sobald sie auftauen. In den Übergangszeiten, wenn es nachts kalt und tagsüber warm ist, solltest du darauf besonders achten. Setzt regelmäßiger Frost ein, kannst du auf die Winterpilze umsteigen. Sie besitzen ein integriertes „Frostschutzmittel", welches es den Pilzen ermöglicht, selbst bei eisigen Temperaturen zu wachsen.
ABSCHNEIDEN ODER VORSICHTIG FREILEGEN – das ist unter Pilzsuchern ein Streitthema. Ich befürworte Letzteres. Der eigentliche Pilz, das Myzel, lebt unter der Erde und wir sammeln nur die Fruchtkörper. Dem Pilzmyzel ist es egal, ob du die Pilze abschneidest oder herausdrehst. Sammelst du Pilze, die du kennst, kannst du sie auch abschneiden. Bei unbekannten Arten ist das Herausdrehen unersetzlich, denn zum Bestimmen benötigst du oft die Stielbasis, den unteren Teil des Pilzes. Nur wenn du den kompletten Fruchtkörper mitgenommen hast, kannst du Aussagen über

Mit die wichtigsten Merkmale zum Erkennen von Knollenblätterpilzen ist die Stielbasis.

eine färbende Stielbasis, das Vorhandensein von Myzelresten oder einer Scheide treffen. Wenn dadurch bei einem größeren Fruchtkörper ein Loch im Boden entsteht, verschließe es bitte mit Moos, Blättern oder Erde, damit das darunter liegende Myzel nicht austrocknet.

NOCH EIN TIPP: PUTZE DIE PILZE IM WALD! Ich weiß, manchmal ist man so im Pilzfieber, dass man einfach sammeln will. Zu Hause hat man dann keine wirkliche Lust mehr, sich noch dem Pilz-Blätter-Erde-Haufen zu widmen und stundenlang zu putzen. Nimm dir die Zeit im Wald! Außerdem hast du so weniger Dreck im Korb. Die Reste bleiben für die Tiere im Wald und die Pilze können währenddessen dort, wo sie sich wohlfühlen, ihre Sporen verteilen. Bonus: Das Foto von der Beute im Körbchen wird ein besonders schöner Hingucker.

Falls du Pilze gesammelt hast, die auf den zweiten Blick doch zu alt sind oder zur falschen Art gehören, dann hänge sie zwischen kleine Äste oder stelle sie so, wie sie gewachsen sind, wieder auf den Waldboden. So können sie trotzdem noch aussporen.

Deine erste Pilzmahlzeit

Es gibt so viele leckere Rezepte, um deinen Fund am selben Abend zu genießen oder haltbar zu machen. Aber eins gilt immer: Pilze – außer Champignons – werden nie roh gegessen!

Mit Ausnahme der „Täublingsprobe“ (S. 88) wird auch nichts im Wald probiert. Bei giftigen Arten reichen oft schon kleine Mengen aus, um dir unter Umständen großen Schaden zuzufügen. Aber auch viele essbare Pilze, wie der Austernseitling oder der Parasol, sind in rohem Zustand giftig. Sie enthalten Hämolysine, die zu Übelkeit, Erbrechen, Durchfall und Bauchschmerzen führen können. Ihre hitzelabilen Giftstoffe werden erst durch ausreichendes Erhitzen für mindestens 15 – 20 Minuten bei über 60 Grad unschädlich gemacht.

PILZE AUFBEWAHREN Pilze sollten in der Küche wie roher Fisch oder rohes Fleisch behandelt werden. Bei einem Fisch würdest du vermutlich auch nicht nur den Kopf abschneiden, wenn er schon anfängt zu gammeln, und den Rest weiterverwenden. Lagere Pilze luftig und gut gekühlt und bereite sie spätestens am Folgetag zu, falls du sie nicht trocknest, einlegst oder einfrierst. Ich bin übrigens kein Freund davon, Pilze einzufrieren, denn sie haben nach dem Auftauen oft eine gummiartige Konsistenz. Beim Trocknen empfehle ich dir, möglichst schonend vorzugehen. Bei etwa 40 Grad im Dörrgerät oder im Backofen bleibt der Geschmack erhalten.

Wie ernähren sich Pilze?

Pilze sind weder Tier noch Pflanze, sie betreiben keine Photosynthese, aber müssen sich trotzdem ernähren. Dazu nutzen sie unterschiedliche Strategien:

MYKORRHIZAPILZE (griech. Mykorrhiza = Pilzwurzel) gehen eine Lebensgemeinschaft mit Bäumen oder anderen Pflanzen ein und tauschen mit ihnen überlebenswichtige Stoffe aus. Die feinen Pilzfäden (Hyphen) umschließen die Wurzeln der Pflanzen und verbinden sich mit ihnen. Die Pflanze produziert durch die Photosynthese Zucker in Form von Glukose, die sie an den Pilz weitergibt und erhält im Austausch Wasser und Nährsalze. Hast du schonmal vom „Wood-wide-web“ gelesen? Die Hyphen verbinden Pflanzen und Bäume auch untereinander, sodass sie chemische Botenstoffe austauschen können. Mehr als 90 Prozent der Pflanzen sind mykorrhiziert. Da die Partnerschaft oft sehr spezifisch ist – eine Pilzart also nur mit einer bestimmten Baumart zusammenlebt –, ist es sinnvoll, sich ein bisschen mit Baumarten zu beschäftigen, wenn man nach einer bestimmten Pilzart suchen oder sie ganz genau bestimmen möchte.

Einige Beispiele für Mykorrhizapilze sind Steinpilze, Pfifferlinge, Täublinge und Hexenröhrlinge.

Baumwurzel mit Pilzhyphen

SAPROBIONTEN ernähren sich von abgestorbenem, organischem Material wie Holz, anderen Pflanzenresten oder auch toten Tieren. Dazu gehören unter anderem Champignons, Riesenschirmlinge und Rötelritterlinge.
Bei Pilzen, die sich von Holz ernähren, kannst du das sogar im Wald beobachten: Die Rede ist von Weiß- und Braunfäule.
Durch die Weißfäule wird hauptsächlich das Lignin im Holz abgebaut und zurück bleibt eine helle, faserige Struktur – die Zellulose. Sie wird unter anderem durch die Schmetterlings-Tramete verursacht.
Pilze wie der Eichenwirrling zersetzen hingegen die Zellulose im Pflanzengewebe. Übrig bleibt nur das dunkle, würfelartige Lignin als Zeichen der Braunfäule.

Die Weißfäule lässt nur die Zellulose im Holz zurück.

Nachdem die Zellulose durch die Braunfäule zersetzt wurde, ist nur das Lignin übrig.

PARASITÄRE PILZE ernähren sich von lebenden Organismen und bringen diese dadurch teilweise sogar zum Absterben. Manche Pilze sind sowohl Parasiten als auch Saprobionten. Sie befallen bereits geschwächte Bäume und können sich weiter von ihrem Holz ernähren, wenn der Baum abgestorben ist. Zu den Parasiten gehören unter anderem der Zunderschwamm *(Fomes fomentarius)* und der Dunkle Hallimasch *(Armillaria ostoyae)*.

Los geht's!

In Europa gibt es über 10.000 Großpilzarten. Hier findest du einen kleinen Teil davon. Ich bin Pilzsachverständige und habe die folgenden Pilze ausgewählt, weil sie mir in Korbkontrollen besonders häufig vorgelegt werden. Viele von ihnen sind gut für Anfänger geeignet. Außerdem stelle ich dir wichtige, tödlich giftige Pilzarten vor, damit du lernst, diese abzugrenzen. Arten, die schwierig zu bestimmen sind oder sehr ähnliche, potenziell tödlich giftige Verwechslungspartner haben, sind eher für fortgeschrittene Sammler geeignet und mit einem Ausrufezeichen gekennzeichnet.
Nimm dir für den Anfang nicht zu viel vor. Suche dir einfache Pilze mit eindeutigen Merkmalen, also Farben, Formen, Gerüchen und Standorten, aus.

Pilze können so viele unterschiedliche Merkmale haben.

Zu den angegebenen Verwechslungspartnern sei gesagt – du glaubst nicht, welche Pilzarten miteinander verwechselt werden können. Das liegt immer im Auge des Betrachters, dem Alter des Pilzes und oft auch an der App. By the way: Pilz-Apps kann ich leider keine empfehlen. Die Merkmale, die dort zur Bestimmung eingepflegt werden müssen, sind nicht ausreichend und das Aussehen der Pilze ist zu variabel. Daher sind die Ergebnisse oft ungenau. Selbst wenn so ein Speisepilz korrekt bestimmt wird, kann die App keinen Madenbefall erkennen oder auf Überständigkeit prüfen. Deine Augen und deinen Verstand brauchst du also so oder so.

GANZ WICHTIG

Sammle Pilze zu Speisezwecken nur, wenn du dir mit der Bestimmung zu 100 Prozent sicher bist!

Bei der Verzehrempfehlung halte ich mich an die Speisepilzlisten der DGfM (Deutsche Gesellschaft für Mykologie), die du online kostenlos einsehen kannst. Je nach Pilzbuch sind die Angaben zum Speisewert oft unterschiedlich. Deshalb empfehle ich dir, dich an diesen Listen zu orientieren falls du unsicher bist. Hier werden die Daten der Giftnotrufzentralen und der PSVs in Deutschland zusammengetragen, auch wissenschaftliche Arbeiten fließen mit ein.

UND ZU GUTER LETZT Ich habe bewusst auf Angaben zur Sammelzeit verzichtet. Pilze haben oft einen großen Spielraum, wann sie erscheinen. Der Pfifferling zeigt sich häufig schon im Mai oder Juni, bis in den November hinein und, wenn es lange warm ist, sogar noch im Dezember. Durch den Klimawandel halten sich die Pilze zunehmend nicht mehr an ihre eigentlichen Zeiten, wir finden Herbstpilze im Frühsommer und alles wirkt nicht mehr so ganz berechenbar. Genauso wie das Wetter. Fühl dich ein bisschen rein und halte die Augen offen. Feuchtigkeit und Wärme sind immer ein guter Zeiger, dass es in einer oder zwei Wochen wieder Pilze haben könnte. Winter- und Frühlingspilzarten habe ich dir kenntlich gemacht, weil sie oft einen Kältereiz benötigen, um zu wachsen.

WILLKOMMEN!

Jetzt aber ab in die Pilze! Ich bin gespannt, welche leckeren oder spannenden Funde du im Wald machen wirst! In den Artporträts zeige ich dir, wie du sie sicher bestimmst.

Ich wünsche dir viel Spaß und Erfolg!

Fichten-Steinpilz 🍴 §

Boletus edulis

HUT: bis zu 25 cm breit
RÖHREN: jung weißlich über gelblich bis olivfarben
STIEL: cremefarben mit weißem Netz
LEBENSRAUM: Mykorrhizapartner vieler Laub- und Nadelbäume auf sauren Böden
HALTBAR MACHEN: einlegen, trocknen

NICHT WÄHLERISCH Der Fichten-Steinpilz ist wohl einer der beliebtesten und variabelsten Speisepilze. Er ist recht genügsam, was die Bodenansprüche betrifft und geht zum Beispiel Symbiosen mit Fichten und Birken ein.
FRISCHEANZEIGER Je frischer ein Steinpilz ist, desto heller sind seine Röhrenmündungen. Steinpilze mit olivfarbenen Röhren sollten zum Aussporen im Wald bleiben. Sie eignen sich leider auch nicht mehr zum Trocknen, denn die Eiweißzersetzung des Pilzes kann in diesem Moment schon weit fortgeschritten sein.
VERWECHSLUNG Der ungenießbare Gallen-Röhrling (S. 46) zeichnet sich durch ein rosafarbenes Sporenpulver aus – mache einen Sporenabdruck, wenn du dir unsicher bist. Oft wird der Fichten-Steinpilz auch mit dem essbaren Maronen-Röhrling (S. 26) verwechselt – ihm fehlt das typische Stielnetz der Steinpilze.

Das weiße Stielnetz siehst du manchmal auch nur am oberen Teil des Stiels.

Steinpilze sind auch bei Schnecken beliebt.

matt
weiße Linie am Hutrand
weißes Netz
helle Röhrenmündungen
beige bis haselnussbraun
cremefarben

Mit zunehmendem Alter dunkelt die Röhrenschicht der Steinpilze nach. Junge, knackige Steinpilze haben weiße Röhren, die mit zunehmender Sporenreife ins Gelbe bis Olivbraune übergehen.

Sommer-Steinpilz 🍴 §

Boletus reticulatus

HUT: bis zu 25 cm breit
RÖHREN: jung weißlich über gelblich bis olivfarben
STIEL: cremefarben mit grobem, oft weißem Stielnetz
LEBENSRAUM: Mykorrhizapartner von Buchen und Eichen
HALTBAR MACHEN: einlegen, trocknen

DER FRÜHE Den Sommer-Steinpilz können wir oft schon im Juni finden. Er fühlt sich in Eichen- und Rotbuchenwäldern sehr wohl, man sieht ihn aber auch in Parkanlagen. Lass dich durch seine oft sehr aufgerissene Huthaut nicht täuschen. Durch die wechselnden Temperaturen und die Luftfeuchtigkeit am Sommeranfang, kommen die Fruchtkörper manchmal nicht so schön daher. Wie bei allen Röhrlingen kannst du die Druckprobe machen. Mit dem Finger solltest du oben auf die Huthaut drücken. Lassen sich Röhrlinge nicht eindrücken oder es bleibt keine Delle zurück, kann das ein erstes Frischeindiz sein.
VERWECHSLUNG Gallen-Röhrling (S. 46), ungenießbar. Maronen-Röhrling (S. 26) und Fichten-Steinpilz (S. 18), beide sind essbar.

Der samtige, beige bis haselnussbraune Hut und das grobe Stielnetz verraten den Sommer-Steini.

BITTE STEHEN LASSEN

Du solltest nur Steinpilze essen, deren Röhren weiß bis leicht gelblich sind. Bei alten Pilzen steigt das Risiko einer unechten Pilzvergiftung und der Insektenbefall nimmt zu.

Schwarzhütiger Steinpilz §§

Boletus aereus

HUT: bis zu 20 cm breit
RÖHREN: jung weißlich über gelblich bis olivfarben
STIEL: dunkel mit dunklem Netz
LEBENSRAUM: Mykorrhizapartner von Eichen auf mäßig sauren oder kalkigen Böden, gern in warmen Gebieten

LASS MICH IM WALD Auf dieser Seite wollte ich dir eigentlich den Kiefern-Steinpilz vorstellen. Jetzt gibt es bei mir aber recht wenige Kiefern und selbst in Norwegen gelang es mir nicht, ein schönes Foto für dich zu schießen. Tatsächlich finde ich bei uns im Südschwarzwald aufgrund des warmen Klimas und des oft kalkhaltigen Bodens viel häufiger den Schwarzhütigen Steinpilz. Deshalb zeige ich dir den. Dieser ist streng geschützt und darf der Natur nicht entnommen werden. Erfreue dich an dieser seltenen Art, mache Fotos und lass ihn mit gutem Gewissen zum Aussporen im Wald.
VERWECHSLUNG Andere Steinpilzarten wie Fichten-Steinpilz (S. 18) und Sommer-Steinpilz (S. 20). Diese haben meist hellere Hutfarben und sind essbar.

Manchmal ist der Hut fleckig.

Manche Pilzarten sind zwar essbar, sind aber so selten, dass sie nicht gesammelt werden dürfen!

dunkelbraun bis fast schwarz
dunkles Stielnetz

Was Pilze unterm Hut verstecken

DAS SPORENPULVER dient der Verbreitung und Fortpflanzung der Pilze. Es wird vom Fruchtkörper abgegeben und von Wind, Regen und Tieren verbreitet. Die Sporen werden in der Fruchtschicht, dem Hymenium, gebildet, oft befindet es sich auf der Hutunterseite in den Lamellen, Leisten, Röhren oder Poren. Du kannst das Sporenpulver nutzen, um bei der Bestimmung die Pilzgattungen einzugrenzen.

→ Pilze werden in drei Kategorien eingeteilt:

	SPORENPULVER	GATTUNGEN
HELL-SPORER	• weiß • gelb • beige • cremefarben	• *Amanita* • *Craterellus* • *Tricholoma* • *Macrolepiota* • *Boletus* • und mehr
ROSA-SPORER	• rosafarben	• *Pluteus* • *Entoloma* • *Tylopilus* • und mehr
DUNKEL-SPORER	• grau • braun • fast schwarz	• *Coprinus* • *Psilocybe* • *Psathyrella* • *Agaricus* • und mehr

TIPP: Oft kannst du das Sporenpulver schon im Wald entdecken, wenn die Pilzfruchtkörper versetzt übereinander wachsen. Die älteren Fruchtkörper haben dann oft schon Sporen abgegeben, die dann auf den jüngeren sichtbar sind.

→ Einen Sporenabdruck herstellen:

UND SO GEHT'S:

1) Entferne den Stiel von den Hüten.
2) Lege die Hüte mit der Fruchtschicht nach unten auf helles und dunkles Papier.
3) Mit einem Glas luftdicht abdecken und einige Stunden warten – je älter der Pilz, desto schneller geht es.
4) Entferne Glas und Pilzhüte und nutze die Farbe des Sporenpulvers zur Bestimmung.

Sollte einmal kein Sporenabdruck zu erkennen sein, war dein Pilz vermutlich noch zu jung.

Meistens ist das die zum Boden zeigende Seite.

Von oben nach unten: Dachpilz, Knoblauchschwindling und Fliegenpilz.

dunkelbraun
matt bis feinfilzig
bei Feuchtigkeit schmierig
längs gemasert

Maronen-Röhrling

Imleria badia

HUT: bis zu 12 cm breit
RÖHREN: jung gelblich, im Alter olivfarben, auf Druck blauend
STIEL: cremefarben mit brauner Längsmaserung, ohne Stielnetz
LEBENSRAUM: Mykorrhizapartner von Nadel- und Laubbäumen auf saurem Boden
HALTBAR MACHEN: trocknen

FETTE BEUTE Maronen-Röhrlinge treten in einigen Gebieten zuhauf auf. Sie sind auf sauren Böden in Laub- und Nadelwäldern zu finden. Da sie mehr radioaktive Elemente einlagern können als andere Arten, solltest du sie nicht im Übermaß konsumieren.
BLAU ODER NICHT? In vielen Pilzbüchern wird angegeben, dass Maronen in der Röhrenschicht auf Druck blauen. Bei trockenem Wetter beobachte ich aber immer wieder, dass sie kaum nachdunkeln und so den Pilzfinder verunsichern.
VERWECHSLUNG Die Steinpilzarten (S. 18 ff.) kannst du durch ihr typisches Stielnetz vom Maronen-Röhrling abgrenzen. Der Butterpilz (S. 29) besitzt zudem einen Ring am Stiel. Beide sind essbar und blauen nicht.

Auf Druck verfärben sich die Röhren blau.

Pfefferröhrling

Chalciporus piperatus

HUT: bis zu 5 cm breit
RÖHREN: zimtfarben bis rostbraun und häufig am Stiel leicht herablaufend
STIEL: in Röhrenfarbe, zur Stielbasis hin oft leuchtend gelb, im Anschnitt gelb, ringlos
LEBENSRAUM: Mykorrhizapartner von Laub- und Nadelbäumen auf sauren Böden

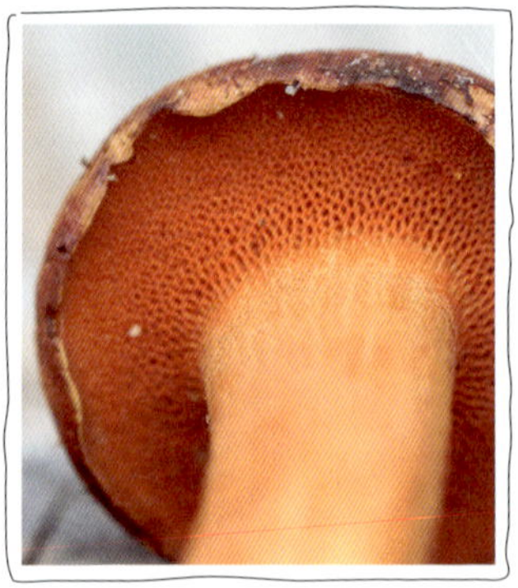

Die Röhren laufen ein Stück am Stiel herab.

MACHT SEINEM NAMEN ALLE EHRE
Pfefferröhrlinge sind roh sehr scharf und in größeren Mengen auch nicht sehr bekömmlich für den Magen. Immer wieder kannst du sie zusammen mit Fliegenpilzen und Steinpilzen finden.
VERWECHSLUNG Maronen-Röhrling (S. 26) und weitere Filzröhrlinge (*Xerocomus* spec.).

Achtung feurig!

Butterpilz

Suillus luteus

HUT: bis zu 15 cm breit
RÖHREN: blassgelb
STIEL: weiß bis gelblich, an der Stielspitze mit dunklen Pünktchen, hängender, manchmal schleimiger Ring
LEBENSRAUM: Mykorrhizapartner von Kiefern und selten von Fichten auf sandigen Böden
HALTBAR MACHEN: trocknen

Neue Pilzarten, die du sammelst, solltest du erst einmal in kleinen Mengen auf Verträglichkeit und Geschmack testen.

EINMAL HÄUTEN, BITTE Wie bei allen Schmierröhrlingen solltest du auch beim Butterpilz die oft schleimige Huthaut vor dem Verzehr abziehen. An ihr bleibt viel Dreck hängen und sie kann zu Unverträglichkeitsreaktionen führen. Der Butterpilz besitzt weiches Fleisch, deshalb bitte nur junge Fruchtkörper sammeln und diese möglichst schnell verzehren.
VERWECHSLUNG Der Gold-Röhrling (S. 32) leuchtet in herrlichen Gelbtönen. Auch mit dem Ringlosen Butterpilz *(S. collinitus)* kannst du ihn verwechseln. Beide sind ebenfalls essbar.

Den Herbst-Rotfuß findest du auch noch spät im Jahr.

Herbst-Rotfußröhrling

Xerocomellus pruinatus

HUT: bis zu 10 cm breit
RÖHREN: gelb bis olivfarben, auf Druck leicht blauend
STIEL: lebhaft gelb mit leichten Rottönen, oft erst nach mehreren Minuten blauend
LEBENSRAUM: Mykorrhizapartner in Laub- und Nadelwäldern
HALTBAR MACHEN: trocknen

BEI VIELEN BELIEBT Unter den Rotfußröhrlingen gibt es sehr viele Arten, die sich gut als Anfängerpilze eignen. Sie sind einfach zu erkennen und sehr häufig. Leider sind sie auch sehr beliebt beim Goldschimmel, einer giftigen Schimmelpilzart. Bei Feuchtigkeit kannst du schnell eine weißliche Schicht in den Röhren erkennen, die sich zunehmend gold-gelb verfärbt. Außerdem fressen allerlei Tiere daran, schau die Pilze also bitte immer gut an. Fraßstellen färben sich meist rötlich.

VERWECHSLUNG Die Ziegenlippe (S. 33) besitzt leuchtendere, gelbere und größere Röhrenmündungen. Gewöhnlicher Rotfußröhrling *(X. chrysenteron)* und Brauner Filzröhrling *(Xerocomus ferrugineus)*. Alle essbar.

Pfirsichfarbener Filzröhrling

Rheubarbariboletus persicolor

HUT: bis zu 8 cm breit
RÖHREN: jung blassgelb, alt bis olivbraun, auf Druck leicht blauend
STIEL: rötlich bis gelblich, Basis im Querschnitt orange bis kanariengelb
LEBENSRAUM: Mykorrhizapartner in Laub- und Nadelwäldern, gern bei Eichen, wärmeliebend
HALTBAR MACHEN: trocknen

Die Stielbasis ist im Anschnitt kräftig gelb.

ANFÄNGER GEEIGNET Die Fruchtkörper werden nicht besonders groß. Wie bei den Rotfußröhrlingen macht sich auch hier schnell der Goldschimmel breit. Bei den Filzröhrlingen und Rotfußröhrlingen ist die Art mit bloßem Auge manchmal nicht eindeutig zu erkennen. Zu deiner Beruhigung: Sie sind alle essbar.
VERWECHSLUNG Ziegenlippe (S. 33), Gewöhnlicher Rotfußröhrling *(Xerocomellus chrysenteron)*, Brauner Filzröhrling *(Xerocomus ferrugineus)*. Alle sind essbar.

Gold-Röhrling

Suillus grevillei

Färbepilz!

HUT: bis zu 15 cm breit
RÖHREN: leuchtend goldgelb, auf Druck leicht rötend/bräunend, im Alter nachdunkelnd
STIEL: orangegelb mit anliegender, schleimiger Ringzone
LEBENSRAUM: Mykorrhizapartner von Lärchen, selten bei Douglasien
HALTBAR MACHEN: trocknen

SCHLEIMIG Damit du ihn besser verträgst, solltest du wie bei allen Schmierröhrlingen die schleimige Huthaut abziehen. Ich rate dir, das direkt im Wald zu tun, um den Dreck, der daran klebt, auch gleich dort zu lassen.
GOLDGELB Wenn du einen Gold-Röhrling finden möchtest, empfehle ich dir, nach Lärchen Ausschau zu halten. Er wird auch Lärchenröhrling genannt. Du kannst ihn essen und zum Färben nutzen. Er kommt oft in großen Mengen vor und liefert einen schönen Gelbton.
VERWECHSLUNG Butterpilz (S.29), Körnchen-Röhrling (*S. granulatus*) und Sand-Röhrling (*S. variegatus*) wachsen alle bei Kiefern und sind essbar.

Ziegenlippe

Xerocomus subtomentosus

HUT: bis zu 10 cm breit
RÖHREN: leuchtend gelb, auf Druck meist blauend, im Alter olivgrün, weitporig
STIEL: gelb, bräunlich überfasert, teils netzartig/rillig verbunden, zur Stielbasis hin zugespitzt
LEBENSRAUM: Mykorrhizapartner von verschiedenen Bäumen, vor allem unter Eichen
HALTBAR MACHEN: trocknen

Die Röhren blauen auf Druck, das Hutfleisch blaut nur wenig oder gar nicht.

EINSTEIGERFREUNDLICH An seinen großen Röhrenmündungen und der intensiven Gelbfärbung kann man ihn leicht erkennen. Der Stiel ist mal mehr oder weniger rillig oder netzartig gezeichnet, lass dich davon nicht irritieren. Er ist oft in sich verdreht und verjüngt sich zur Basis hin. Wenn du eine Ziegenlippe durchschneidest, kannst du unter der Huthaut einen leicht rosaroten Farbton erkennen.
VERWECHSLUNG Körnchen-Röhrling *(Suillus granulatus)*, Brauner Filzröhrling *(X. ferrugineus)*, Herbst-Rotfußröhrling (S. 30). Alle sind essbar.

Schönfußröhrling ☠

Caloboletus calopus

HUT: bis zu 15 cm breit
RÖHREN: gelb, auf Druck stark blauend
STIEL: gelb, zur Stielbasis hin rötlich, helles Stielnetz
LEBENSRAUM: Mykorrhizapartner von Nadelbäumen auf saurem Boden

Wunderschön, aber leider nicht essbar.

SCHÖN UND GIFTIG Er ist der häufigste Verwechslungspartner des essbaren Flockenstieligen Hexenröhrlings. Wie oft bin ich anfangs mit dieser Art, die bei uns sehr häufig vorkommt, aus dem Wald herausgekommen, um doch festzustellen, dass ich wieder den Schönfußröhrling gefunden hatte. Um dir den Start etwas zu erleichtern, habe ich dir den Teufelskreis auf S. 36 zusammengestellt. Damit kannst du hoffentlich die bitteren, magen-darm-giftigen Röhrlinge ausschließen.
VERWECHSLUNG Netzstieliger Hexenröhrling (S. 35), Flockenstieliger Hexenröhrling (S. 38) und Satansröhrling *(Rubroboletus satanas)* besitzen orange bis rote Röhrenmündungen. Die beiden Hexenröhrlinge sind essbar.

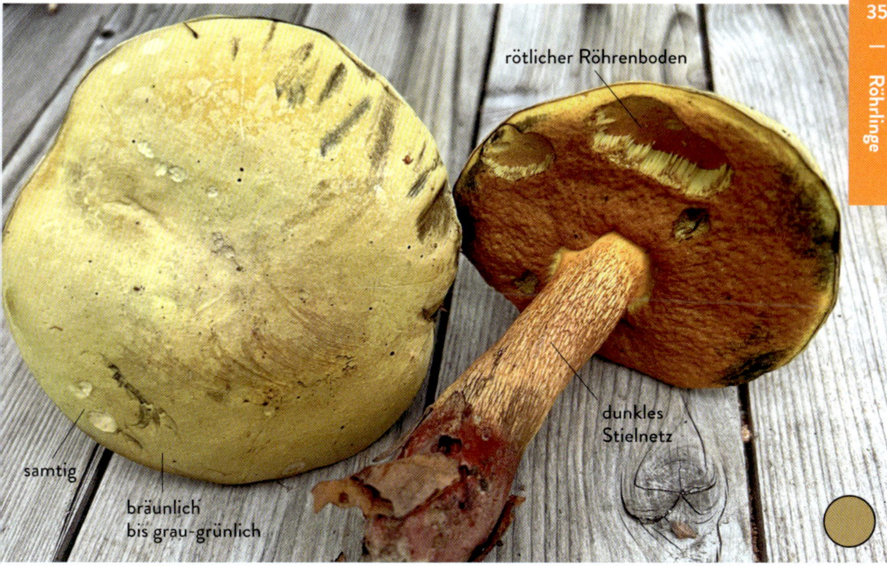

Netzstieliger Hexenröhrling

Suillellus luridus

HUT: bis zu 15 cm breit
RÖHREN: gelborange bis rötlich, auf Druck blauend
STIEL: orange bis gelblich mit Rottönen und dunklem Stielnetz
LEBENSRAUM: Mykorrhizapartner von Laub- und Nadelbäumen auf kalkigen Böden
HALTBAR MACHEN: trocknen

Es gibt unter den Röhrlingen übrigens keine tödlich giftigen Arten.

ÜBERRASCHUNGSFUND Ich fand einmal eine Gruppe Netzstielige Hexenröhrlinge mitten auf einem gepflasterten Parkplatz neben der Bücherei. Sie lieben kalkigen Boden und stehen auch immer wieder an Wegrändern.
VERWECHSLUNG Er sieht dem Flockenstieligen Hexenröhrling (S. 38) auf den ersten Blick sehr ähnlich. Wenn du dir trotz Stielbeschaffenheit unsicher bist, kannst du die Röhrenschicht beiseiteschieben. Der Netzstielige Hexenröhrling hat einen orange-rötlichen Röhrenboden. Beim Flockenstieligen Hexenröhrling, dem Schönfußröhrling (S. 34) und dem Satansröhrling *(Rubroboletus satanas)* ist er gelb.

So erkennst du den Flockenstieligen Hexenröhrling

Start

↓

Ist die Röhrenfarbe (unter dem Hut) rot?

Nein →

Schönfußröhrling
(Caloboletus calopus)
GIFTIG

Ja ↓

Ist die Hutfarbe braun?

Ja →

Hat der Pilz eine Netzzeichnung am Stiel?

Nein →

Hat der Pilz Flöckchen am Stiel?

Nein ↓

BEGINNE BITTE VON VORN :-)

(Ist die Hutfarbe braun?) Nein ↓

Satansröhrling
(Rubroboletus satanas)
GIFTIG

(Hat der Pilz eine Netzzeichnung am Stiel?) Ja ↓

Netzstieliger Hexenröhrling
(Suillellus luridus)
Speisepilz

(Hat der Pilz Flöckchen am Stiel?) Ja ↓

Flockenstieliger Hexenröhrling
(Neoboletus erythropus)
GUTER Speisepilz

Checkliste für den Flockenstieligen Hexenröhrling

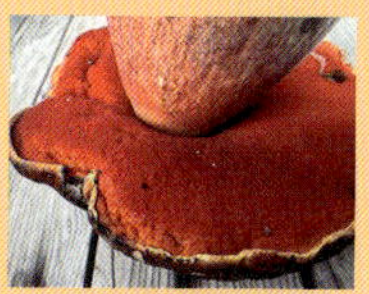

→ Rot unterm Hut (gelbe Röhren, rote Röhrenmündung)

→ Blaut stark

→ Flöckchen am Stiel

→ Brauner, filziger Hut

Mein Tipp:
Oft finde ich meine Hexen unter Nadelbäumen.

Flockenstieliger Hexenröhrling

Neoboletus erythropus

Gern unters Mützchen schauen

HUT: bis zu 25 cm breit
RÖHREN: gelb mit roten Röhrenmündungen, auf Druck blauend
STIEL: gelb bis orange mit roten Flöckchen
LEBENSRAUM: als Mykorrhizapartner in sauren Laub- und Nadelwäldern
HALTBAR MACHEN: trocknen

UNTERSCHÄTZT Der Flockenstielige Hexenröhrling ist einer meiner Lieblingspilze. Er kommt recht häufig vor und wird von anderen Pilzsuchern wegen seines Aussehens eher gemieden. Er hat meist deutlich weniger Insektenbefall als Steinpilze und besitzt festes Fleisch. Wir braten ihn gern mit Salz, Butter, Pfeffer und Petersilie in der Pfanne und legen ihn dann auf ein Knoblauch-Knusperbrot. Dazu bestreichen wir Brotscheiben mit Kräuterbutter und backen sie im Ofen knusprig aus. Da bleibt selbst bei den Kindern kein Teller voll!

Das Fleisch verfärbt sich schnell blau.

VERWECHSLUNG Der Netzstielige Hexenröhrling (S. 35), der Schönfußröhrling (S. 34) und der Satansröhrling *(Rubroboletus satanas)* grenzen sich alle durch ein deutliches Stielnetz ab. Von ihnen ist nur der Netzstielige Hexenröhrling essbar.

AUF DEN STIEL KOMMT ES AN

Schau dir die Beschaffenheit der Stiele genau an. Beim Flockenstieligen Hexenröhrling entdeckst du kleine Flöckchen, beim Netzstieligen Hexenröhrling ein grobes, dunkles Netz.

Hainbuchen-Raufußröhrling

Leccinellum pseudoscabrum

HUT: bis zu 15 cm breit
RÖHREN: schmutzig weiß, beige, auf Druck schwärzend
STIEL: weiß bis gräulich, mit dunklen Schüppchen besetzt, zur Stielbasis hin verdickt
LEBENSRAUM: Mykorrhizapartner von Hainbuchen
HALTBAR MACHEN: trocknen

NICHT ERSCHRECKEN!

In der Pfanne wird er lila bis fast schwarz.

NICHT ZU VIELE Wie auch die Steinpilze und Leistlinge (Pfifferling, Herbst-Trompete und Co.) zählen auch die Raufußröhrlinge zu den geschützten Arten und dürfen nur in kleinen Mengen für den Eigenbedarf gesammelt werden.
KLEINER IST FESTER Bei den Raufußröhrlingen gilt generell, die Fruchtkörper nicht zu groß und aufgeschirmt zu sammeln, da das Fleisch dann schnell weich und schwammig wird.
VERWECHSLUNG Der Gewöhnliche Birkenpilz *(Leccinum scabrum)* besitzt einen ähnlich braunen Hut, ihm fehlen jedoch die Hammerschläge auf der Huthaut. Er ist essbar.

Vielfarbiger Birkenpilz 🍴 §

Leccinum variicolor

HUT: bis zu 12 cm breit
RÖHREN: jung schmutzig cremefarben bis gräulich, auf Druck dunkel verfärbend, im Alter zunehmend dunkel
STIEL: hell gräulich, dunkle Schüppchen, im Querschnitt leicht rötlich anlaufend, bei Verletzung blauend
LEBENSRAUM: Mykorrhizapartner von Birken in feuchten Gebieten, Mooren und Heiden
HALTBAR MACHEN: trocknen

RAUE STIELE Birkenpilze gehören zu den Raufußröhrlingen. Diese sind sehr dankbare Anfängerpilze, denn alle sind essbar. Sobald du also die besondere Stielbeschaffenheit kennst, hast du dein Speisepilz-Repertoire mit den etwa 40 Arten in dieser Gattung deutlich vergrößert.
VERWECHSLUNG Eine Verwechslung mit einem der anderen Raufußröhrlinge wie dem Gewöhnlichen Birkenpilz *(L. scabrum)* oder dem Hainbuchen-Raufußröhrling (S. 40) wäre kein Problem, denn alle Raufußröhrlinge sind essbar!

matt
leuchtend
orangerot
jung halbkugelig,
dann polsterförmig
Huthaut
oft überstehend
Stielschüppchen

Espen-Rotkappe

Leccinum leucopodium

HUT: bis zu 18 cm breit
RÖHREN: jung weiß, dann schmutzig gräulich, im Alter mehr und mehr nachdunkelnd, auf Druck bräunend
STIEL: anfangs weiße, dann rotbraune Stielschüppchen, zylindrisch bis leicht bauchig, Stielbasis oft mit blaugrünen Flecken
LEBENSRAUM: Mykorrhizapartner von Zitterpappeln
HALTBAR MACHEN: trocknen

NORDLICHT Bei uns in Süddeutschland ist sie eher selten zu finden, je nördlicher desto häufiger taucht sie auf. Junge Espen-Rotkappen ähneln von der Farbe und Hutform kleinen Streichhölzern, die sich durch den Boden drücken. Beim Schneiden und Kochen des Pilzes verfärbt er sich weinrot-violett bis schwarz.
VERWECHSLUNG Um die verschiedenen Rotkappen wie die Birken-Rotkappe *(L. versipelle)*, die Laubwald-Rotkappe *(L. aurantiacum)* oder die Nadelwald-Rotkappe *(L. vulpinum)* zu unterscheiden, sind meist die Begleitbäume, die Farbe der Stiele sowie die Verfärbungen wichtig.

SUPER FÜR ANFÄNGER

Es gibt viele verschiedene Arten von Rotkappen und Birkenpilzen, die manchmal nicht leicht zu unterscheiden sind. Zum Glück sind sie alle essbar.

Junge Pilze haben schöne weiße Röhren.

Gelbporiger Raufußröhrling

Leccinellum crocipodium

HUT: bis zu 15 cm breit
RÖHREN: gelblich bis bräunlich
STIEL: gelb, zur Stielbasis hin oft leicht zugespitzt, mit dunklen Schuppen
LEBENSRAUM: Mykorrhizapartner von Eichen auf eher kalkigen Böden
HALTBAR MACHEN: trocknen

WIE DAS BESONDERE GOLD DES WALDES leuchtet dieser Röhrling im jungen Zustand blassgelblich. Im Anschnitt rötet er leicht und dunkelt dann etwas nach. Da er wie alle Raufußröhrlinge im Bundesartenschutzgesetz aufgeführt ist, steht er unter Schutz und darf nur in kleinen Mengen für den eigenen Bedarf entnommen werden.
VERWECHSLUNG Der Hainbuchen-Raufußröhrling (S. 40) besitzt die typischen Hammerschläge auf dem Hut, die Ziegenlippe (S. 33) zeigt deutlich größere und leuchtendere Röhrenmündundungen. Beide sind essbar.

Der Gelbporige Raufußröhrling dunkelt langsam nach.

PILZIGES KNUSPERBROT

Brotscheiben mit Kräuterbutter bestreichen und im Ofen knuprig bräunen. Raufußröhrlinge in dünnen Scheiben mit etwas Butter, Salz und Pfeffer braten und auf das Knusperbrot geben. Guten Appetit!

hellgelb
im Alter
mit Brauntönen
dunkelt auf Druck nach
bei Trockenheit
felderig eingerissen

Gallen-Röhrling

Tylopilus felleus

Schon ein Gallen-Röhrling macht die Pilzpfanne ungenießbar!

HUT: bis zu 15 cm breit
RÖHREN: jung cremefarben, im Alter zunehmend rosa
STIEL: zur Stielbasis hin oft leicht verdickt, cremefarbener Stiel mit dunklem Stielnetz
LEBENSRAUM: Mykorrhizapartner von Laub- und Nadelbäumen auf sauren Böden

FAKE-STEINPILZ Der Gallen-Röhrling ist wohl einer der häufigsten, nicht essbaren Verwechslungspartner der Steinpilze. Besonders gut lässt er sich durch einen Sporenabdruck abgrenzen. Die Sporen des Gallen-Röhrlings sind rosa, die der Steinpilze haben einen Gelb- bis Olivton. Auch das dunkle Stielnetz des Gallen-Röhrlings verrät ihn häufig. Der „Galli" besitzt, wie der Name schon sagt, einen intensiv bitteren Geschmack.
VERWECHSLUNG Der Maronen-Röhrling (S. 26) blaut und besitzt kein Stielnetz, Sommer-Steinpilz (S. 20), Fichten-Steinpilz (S. 18) und Hasenröhrling *(Gyroporus castaneus)* haben kein rosafarbenes Sporenpulver.

Amethystschuppiger Pfifferling §

Cantharellus amethysteus

HUT: bis zu 10 cm breit
LEISTEN: in Hutfarbe, am Stiel weit herablaufend, entfernt stehend, oft queraderig verbunden
LEBENSRAUM: Mykhorrizapartner in Laubmischwäldern, gern auf kalkigen Böden
HALTBAR MACHEN: einlegen

Der falsche Pfifferling (links) ist giftig und verursacht Magen-Darm-Störungen.

GOLDRAUSCH Pfifferlinge sind mit unsere beliebtesten Sammelpilze. Sie eignen sich gut zum Einlegen. Beim Trocknen und Einfrieren werden sie gelegentlich bitter. Müssen sie doch einmal in die Tiefkühltruhe wandern, solltest du sie direkt tiefgekühlt in die heiße Pfanne geben. So bleiben sie lecker.
VERWECHSLUNG Die Verwechslung mit dem Echten Pfifferling *(C. cibarius)* fällt meist gar nicht auf. Der Semmel-Stoppelpilz (S. 51) hat kleine Zapfen unterm Hut, der Trompeten-Pfifferling (S. 50) ist schlanker und hat einen farblich abgesetzten Hut. Sie sind essbar.

trichterförmig oder
trompetenartig
Hutrand wellig
nach außen geklappt
trocken braun
oder grau
innen oft dunkler
als außen
durchbohrt
feucht fast schwarz

Herbst-Trompete, Toten-Trompete 🍴 §

Craterellus cornucopioides

HUT: bis zu 10 cm breit
LEISTEN: grau bis braun, außen meist heller als innen, können ausgebildet am Stiel herablaufend, aderig wirkend
STIEL: hohl, zur Basis hin spitz zulaufend
LEBENSRAUM: Mykorrhizapartner von Buchen, auf kalkigen Böden
HALTBAR MACHEN: trocknen

WÜRZPILZ Ja, tatsächlich werden die Herbst-Trompeten immer wieder mal mit überständigen Täublingen verwechselt, die noch im Wald stehen. Die Herbst-Trompete ist ein wunderbarer Pilz zum Trocknen und Würzen. Er kann in feuchten Jahren manchmal bis Dezember in kalkigen Buchenwäldern gefunden werden.

VERWECHSLUNG Die Krause Kraterelle *(C. undulatus)* und der Graue Leistling *(C. cinereus)* sind etwas filigraner sowie ebenfalls essbar. Um Verwechslungen mit überständigen Pilzen zum Beispiel Täublingen (*Russula* spec.) zu vermeiden, halte einfach einmal deine Nase an den Pilz. Die Herbst-Trompete riecht angenehm aromatisch, überständige Pilze riechen verdorben.

Ein dunkler, trompetenförmiger Fruchtkörper – der Name ist Programm.

MEIN TIPP

Teile die Herbst-Trompete mittig durch. Oft finden sich Steinchen oder Nadeln im Inneren der hohlen Fruchtkörper. Außerdem lassen sie sich so noch besser trocknen.

Trompeten-Pfifferling 🍴 §

Craterellus tubaeformis

HUT: bis zu 3 cm breit
LEISTEN: gelbbraun bis gräulich, am Stiel herablaufend, oft gegabelt
STIEL: leuchtend gelb, in der Regel hohl
LEBENSRAUM: Mykorrhizapartner mit Laub- und Nadelbäumen, oft auf sauren Böden
HALTBAR MACHEN: einlegen, trocknen

Trompeten-Pfifferlinge findet man oft in größeren Mengen.

ÜPPIG UND KÖSTLICH Einer meiner Lieblingspilze. Er zeigt sich oft erst im Spätherbst und hat kaum Insektenbefall. Außerdem ist er geschmacksintensiv und einfach zu putzen. Du findest ihn an moosigen Stellen zwischen Heidelbeeren.

VERWECHSLUNG Der Falsche Pfifferling *(Hygrophoropsis aurantiaca)* und das Grüngelbe Gallertkäppchen (S. 142) heben sich farblich und durch die Hutbeschaffenheit ab. Beide sind giftig. Auch Semmel-Stoppelpilz (S. 51), Echter Pfifferling *(Cantharellus cibarius)* und Starkriechender Leistling *(Craterellus lutescens)* sehen ähnlich aus, sind aber essbar.

Semmel-Stoppelpilz

Hydnum repandum

HUT: bis zu 15 cm breit
STOPPELN: in Hutfarbe, zapfenartig, im Alter länger werdend, am Stiel etwas herablaufend
STIEL: blassgelb, voll, zur Stielbasis hin oft verjüngt
LEBENSRAUM: Mykorrhizapartner von Buchen und Fichten, gern auch auf kalkigen Böden
HALTBAR MACHEN: einlegen

Die namensgebenden Stoppeln

KAUM ZU VERWECHSELN Der Semmel-Stoppelpilz ähnelt von oben dem Pfifferling, ist aber durch seine besondere Hutunterseite leicht zu erkennen. Je älter der Pilz ist, desto länger werden die Stoppeln. Mit zunehmendem Alter wird er oft schärflich oder bitter.
VERWECHSLUNG Der giftige Falsche Pfifferling *(Hygrophoropsis aurantiaca)* trägt Lamellen unterm Hut. Der essbare Echte Pfifferling *(Cantharellus cibarius)* hat Leisten. Mit den typischen Stoppeln an der Hutunterseite sieht auch der essbare Habichtspilz *(Sarcodon imbricatus)*, der im Alter bitter wird, ähnlich aus.

Ohrlöffel-Stacheling

Auriscalpium vulgare

HUT: bis zu 2 cm breit
STOPPELN: leicht rosa bis beige
STIEL: behaart, braun
LEBENSRAUM: Zersetzer auf Zapfen, meist auf Kiefernzapfen

FÜR SPURENSUCHER Der kleine Ohrlöffel-Stacheling ist immer wieder so ein Wunder der Natur. Mit seiner kleinen löffelförmigen Erscheinung drückt er sich auch durch vergrabene Kiefern- oder Fichtenzapfen hindurch und zersetzt diese dann. Der Ohrlöffel-Stacheling ist eine häufige Art, die du jedoch aufgrund ihrer Größe schon ganz tief am Boden suchen musst.
VERWECHSLUNG Die kleine Straßenlaterne ist meiner Meinung nach unverwechselbar.

KLEINE WUNDER

Auch bei kleinen, nicht essbaren Pilzen lohnt es sich genau hinzuschauen!

Rötlicher Lacktrichterling

Laccaria laccata

HUT: 1 – 4 cm breit
LAMELLEN: fleischrosa, dick, weit entfernt stehend mit Zwischenlamellen
STIEL: wie Hut gefärbt, Stielbasis feinfilzig
LEBENSRAUM: Mykorrhizapartner in Laub- und Nadelwäldern
HALTBAR MACHEN: einlegen, Stiele als Pilzpulver

Nabelige Vertiefung in der Hutmitte

KLEIN ABER OHO Lacktrichterlinge sind weit verbreitete Arten, die du sehr lange im Jahr und oft in großen Mengen finden kannst. Wie auch Maronen-Röhrlinge nehmen sie mehr Giftstoffe aus der Umwelt auf als andere Pilzarten. Generell solltest du nur 250 g Waldpilze pro Woche genießen, dann gelten sie als unbedenklich.
VERWECHSLUNG Der Violette Lacktrichterling (S. 54) ist lilafarben und essbar. Der Gemeine Rettich-Helmling *(Mycena pura)* und der Rosa Rettich-Helmling *(M. rosea)* duften intensiv nach Rettich. Beide sind giftig.

Violetter Lacktrichterling

Laccaria amethystina

HUT: 1 – 4 cm breit
LAMELLEN: lila, dick, weit entfernt stehend mit Zwischenlamellen
STIEL: wie Hut gefärbt, oft in sich verdreht, flockig überfasert, ringlos, Stielbasis feinfilzig
LEBENSRAUM: Mykorrhizapartner in Laub- und Nadelwäldern
HALTBAR MACHEN: einlegen, Stiele als Pilzpulver

IN MASSEN GENIESSEN Lacktrichterlinge haben sehr zähe Stiele, die sich zur Herstellung von Pilzpulver eignen, du musst sie also nicht wegwerfen. Violette Lacktrichterlinge lagern mehr Cäsium ein als andere Pilze und sollten daher nicht allzu häufig gegessen werden. Als Farbtupfer in der Pfifferlingspfanne oder zum Einlegen geben sie aber immer ein schönes Bild ab.
VERWECHSLUNG Der Gemeine Rettich-Helmling *(Mycena pura)* hat hellere Lamellen und zeichnet sich ebenso wie der Rosa Rettich-Helmling *(M. rosea)* – beide sind giftig – durch seinen markanten, rettichartigen Geruch aus.

Pilze können erstaunlich farbenfroh sein.

Einige Pilze ändern bei Trockenheit die Farbe – sie sind hygrophan.
trocken ausblassend
Hutrand gerieft
oft mit kleinem Nabel in der Mitte
kräftig lila

Zeigerpflanzen und der Boden, auf dem du unterwegs bist

→ **Woran erkennst du, auf welchem Boden du dich befindest?**

MÖGLICHKEIT 1:
Du testest die Erde mit ph-Stäbchen. Kann man machen, ist aber ziemlich aufwendig. Du benötigest das Material zum Testen und meiner Erfahrung nach geht das auch einfacher.

MÖGLICHKEIT 2:
Du kennst die sogenannten Zeigerpflanzen. Pflanzen sind oft viel länger zu finden und besser sichtbar als unsere Pilze. Dank ihnen können wir viel über die Böden und das Pilzaufkommen lernen.

TIPP: Lass dich von den Zeigerpflanzen und Zeigerpilzen nicht ärgern. Bist du in einem sauren Wald unterwegs, kann es durchaus vorkommen, dass an den Wegrändern auch kalkliebende Pflanzen und Pilze wachsen – und andersherum.

→ Zeigerpflanzen und ihre Böden

SAURER BODEN

Sauerklee
(Oxalis acetosella)

Heidelbeere
(Vaccinium myrtillus)

Heidekraut
(Calluna vulgaris)

KALKHALTIGER BODEN

Wald-Bingelkraut
(Mercurialis perennis)

Gelbes Windröschen
(Anemone ranunculoides)

Bärlauch
(Allium ursinum)

Aronstab
(Arum maculatum)

FEUCHTER BODEN

Sumpfdotterblume
(Caltha palustris)

Wald-Segge
(Carex sylvatica)

Mein Lieblingspilz!
lila bis bräunlich
Hutränder lange eingerollt
trocken ausblassend
jung leicht gebuckelt
festfleischig

Violetter Rötelritterling

Collybia nuda

HUT: bis zu 10 cm breit
LAMELLEN: lila, ausgebuchtet angewachsen bis herablaufend, eng stehend mit Zwischenlamellen
STIEL: blassviolett, zur Stielbasis hin oft leicht verdickt
LEBENSRAUM: Zersetzer auf Laub- und Nadelstreu
HALTBAR MACHEN: einlegen

HEXENPILZ Violette Rötelritterlinge wachsen gern in Hexenringen – also in großen Halbkreisen oder Kreisen. Du findest sie auch in Parkanlagen oder an Wegrändern. Rötelritterlinge wachsen gern zusammen mit den giftverdächtigen Nebelkappen.
DER DUFTENDE Der Violette Rötelritterling hat einen unverwechselbaren, parfümierten Duft. Er erinnert an Multivitamin- oder ACE-Saft.
VERWECHSLUNG Am häufigsten wird er mit lilafarbenen, meist giftigen, Schleierlingen (*Cortinarius* spec.) verwechselt – achte auf das spinnwebartige Velum und das dunkle Sporenpulver, welches die Rötelritterlinge nicht besitzen. Der Schmutzige Rötelritterling *(Lepista sordida)* und der Veilchen-Rötelritterling *(L. irina)* sind essbar.

MEIN TIPP

Rieche zuerst am Pilz. Ist der Geruch nicht eindeutig, schaue nach dem Schleier und mache einen Sporenabdruck. Die Sporen der Schleierlinge sind tabakbraun.

Die oft giftigen Schleierlinge erkennst du am spinnwebartigen Velum (Cortina) und den Spuren des braunen Sporenpulvers.

Nebelkappe

Clitocybe nebularis

HUT: bis zu 20 cm breit
LAMELLEN: in Hutfarben, sehr eng stehend, mit dem Finger abschiebbar
STIEL: wie Hut gefärbt, zur Stielbasis hin meist leicht verdickt, längsfaserig
LEBENSRAUM: Zersetzer von Laub- und Nadelstreu, wächst in zum Teil großen Hexenringen

NICHT (MEHR) ESSBAR Die Nebelkappe ist ein sehr weit verbreiteter Massenpilz. Mit seinem parfümiert-mehligen Duft lädt sie gern zum Sammeln ein und in vielen Pilzbüchern steht sie noch als Speisepilz. In den letzten Jahren ist man davon jedoch abgekommen, weil Untersuchungen ergeben haben, dass sie krebserregende Stoffe enthält.
VERWECHSLUNG Andere Trichterlinge (*Clitocybe* spec.), viele davon sind giftig. Mönchskopf (S. 78), essbar.

Je nach Quelle und Land wird der Speisewert von Pilzen manchmal unterschiedlich bewertet.

Rosa Rettich-Helmling ☠

Mycena rosea

Der ähnliche Schwarzgezähnelte Rettich-Helmling.

HUT: 2 – 6 cm breit
LAMELLEN: weißlich bis blassrosa, entfernt stehend mit Zwischenlamellen
STIEL: heller als der Hut, längsfaserig, in sich verdreht, zur Stielbasis hin leicht verdickt und weiß-filzig
LEBENSRAUM: als Zersetzer häufig in kalkigen Buchenwäldern, aber auch im sauren Mischwald

GERUCHSINTENSIV Den schönen Rosa Rettich-Helmling kannst du in Buchenstreu finden. Der kleine, stark nach Rettich duftende Pilz wird oft mit Lacktrichterlingen verwechselt. Die Lamellen der Helmlinge stehen jedoch viel enger und einmal schnuppern dürfte jeden Zweifel ausräumen.
FARBENFROH Unter den Helmlingen gibt es auch den lilafarbenen Gemeinen Rettich-Helmling *(M. pura)* oder den Schwarzgezähnelten Rettich-Helmling *(M. pelianthina)*.
VERWECHSLUNG Rötlicher Lacktrichterling (S. 53), essbar. Gemeiner Rettich-Helmling *(M. pura)*, giftig.

Maipilz, Mairitterling

Calocybe gambosa

HUT: bis zu 10 cm breit
LAMELLEN: cremeweiß, sehr eng stehend und ausgebuchtet angewachsen – also mit Burggraben
STIEL: wie Hut gefärbt
LEBENSRAUM: als Zersetzer in Parkanlagen, Gärten oder an Wegrändern, Waldrändern oder im Nadelwald, wächst in Hexenringen
HALTBAR MACHEN: einlegen

Frühlingspilz!

DER FRÜHE Der Maipilz wächst gern gesellig im Hexenring. Du findest ihn an Wegrändern oder auf Wiesen. Er hat einen besonders intensiven Geruch nach feuchtem Mehl oder Gurke und wächst im Frühjahr zwischen April und Juni.
TIPP ZUR ZUBEREITUNG Weil es in diesen Monaten sehr feucht ist, solltest du den Maipilz gut anbraten. Er gibt dann erst viel Wasser ab, welches du abschütten kannst. Danach kann er knusprig angebraten werden, dadurch verliert er auch seinen mehligen Geschmack.
VERWECHSLUNG Der essbare Schlehen-Rötling *(Entoloma sepium)* zählt zu den häufigsten Verwechslungspartnern der Maipilze und ist auch zur gleichen Zeit zu finden. Er gehört zu den Rötlingen und zeigt im Sporenabdruck rötliche Sporen.

Maipilze findest du oft in größeren Mengen.

Hutränder lange eingerollt
hygrophan
festfleischig
cremeweiß matt
flach gewölbt

leuchtend rot
weiße Velumflocken
unter der Huthaut gelb-orange
hängender Ring

Fliegenpilz ☠

Amanita muscaria

HUT: bis zu 20 cm breit
LAMELLEN: weiß, eng stehend, frei stehend
STIEL: weiß mit einem hängenden Ring, Stielbasis knollig verdickt mit warzig erscheinendem Gürtel
LEBENSRAUM: Mykorrhizapartner vor allem unter Kiefern, Birken und Fichten auf sauren und kalkigen Böden

Die schneeweißen Lamellen bilden einen schönen Kontrast zum roten Hut.

FLIEGENTÖTER? Der Legende nach erhielt der Fliegenpilz seinen Namen, weil Bauern früher gezuckerte Milch mit Fliegenpilzstückchen als Köder auslegten. Die Fliegen naschten an der Milch, fielen betäubt in die Schale und ertranken.
LECKERE NACHBARSCHAFT Oft finden wir Fliegen- und Steinpilze gemeinsam, weil sie die gleichen Baumpartner nutzen. In den Köpfen der Menschen ist der Fliegenpilz als tödlich giftiger Pilz gespeichert. Tödlich ist er in der Regel nicht, aber er kann, wie der Pantherpilz (*A. pantherina*), das *Pantherina*-Syndrom verursachen. Es löst Erbrechen, Halluzinationen, Krampfanfälle und Rauschzustände aus und kann zum Koma führen.
VERWECHSLUNG Rote Täublinge (*Russula* spec.), teilweise essbar. Perlpilz (S. 66), essbar. Brauner Fliegenpilz (*A. regalis*), giftig.

Bei diesem Exemplar hat der Regen die Velumflöckchen fast vollständig abgewaschen. Das erhöht die Verwechslungsgefahr.

Perlpilz

Amanita rubescens

Der Perlpilz besitzt einen gerieften Ring mit Längsrillen.

HUT: bis zu 15 cm breit
LAMELLEN: weiß, eng stehend, frei
STIEL: weiß mit hängendem, gerieftem Ring, knollig verdickt bis rübenartig mit warzig erscheinendem Gürtel, Rottöne in Madengängen
LEBENSRAUM: Mykorrhizapartner in Laub- und Nadelwäldern
HALTBAR MACHEN: frisch genießen

IMMER UNTERSCHIEDLICH Der Perlpilz kann sehr unterschiedlich aussehen. Die Velumreste auf der Huthaut werden schnell abgewaschen und die Hutfarbe ist sehr variabel. Rottöne in Madengängen und an Fraßstellen grenzen ihn vom potenziell tödlich giftigen Pantherpilz ab. Kontrolliere ihn direkt im Wald auf Schädlingsbefall, auch junge Pilze sind oft schon ungenießbar
VERWECHSLUNG Brauner Fliegenpilz *(A. regalis)*, Pantherpilz (S. 67), Grauer Wulstling (S. 68) und Riesen-Scheidenstreifling *(A. ceciliae)* – alle ohne Rottöne an Fraßstellen. Die letzteren beiden sind essbar.

Pantherpilz ☠

Amanita pantherina

HUT: bis zu 10 cm breit
LAMELLEN: weiß, eng stehend, frei
STIEL: weiß mit einem hängenden, glatten Ring, Stielbasis knollig verdickt und wie eingetopft wirkend, mit „Bergsteigersöckchen" an Stielbasis
LEBENSRAUM: weit verbreitet, vor allem bei Eiche, Linde, Birke und Fichte

Die Lamellen sind weiß und stehen eng zusammen.

ACHTUNG WILD! Der Pantherpilz ist potenziell tödlich giftig, vor allem in größeren Mengen, und wird sehr häufig von unwissenden Pilzsammlern mitgenommen. Perlpilze und Graue Wulstlinge sehen ihm sehr ähnlich! Der Pantherpilz kommt bei uns im Schwarzwald nicht selten in Gruppen mit mehreren dutzend Fruchtkörpern vor.
VERWECHSLUNG Er ist dein Endgegner beim Sammeln von Perlpilzen (S. 66). Der giftige Braune Fliegenpilz *(A. regalis)* ist nur sehr selten anzutreffen. Der Graue Wulstling (S. 68) ist essbar, bleibt aber sogar bei mir wegen der starken Ähnlichkeit zum Pantherpilz im Wald.

Grauer Wulstling

Amanita excelsa

Der Ring des Grauen Wulstlings ist deutlich gerieft.

HUT: bis zu 12 cm breit
LAMELLEN: weiß, eng stehend, frei
STIEL: weiß mit einem hängenden, gerieften Ring, Stielbasis knollig verdickt
LEBENSRAUM: Mykorrhizapartner gern in Laub-Mischwäldern, weit verbreitet
HALTBAR MACHEN: Pilzpulver herstellen

ÄHNLICH! Der Graue Wulstling ist ein Pilz für fortgeschrittene Sammler. Wegen seiner großen Ähnlichkeit zum Pantherpilz würde ich vom Verzehr eher abraten – ich sammle ihn nicht. Für die Unterscheidung beider Arten ist die Stielbasis wichtig. Beim Grauen Wulstling ist sie verdickt, wirkt aber nicht wie beim Pantherpilz wie eingetopft oder wie in einer kleinen Socke. Außerdem besitzt der Graue Wulstling einen gerieften Ring, beim Pantherpilz ist er glatt.
VERWECHSLUNG Brauner Fliegenpilz *(A. regalis)* und Pantherpilz (S. 67), beide sind giftig. Perlpilz (S. 66), essbar.

Gelber Knollenblätterpilz ☠

Amanita citrina

HUT: bis zu 10 cm breit
LAMELLEN: weiß, manchmal leicht gelbstichig, eng stehend, frei
STIEL: knollig verdickt, Basis von einer angedeuteten Volva umgeben, leicht schuppig mit vergänglichem, hängendem, häutigem Ring
LEBENSRAUM: Mykorrhizapartner in eher sauren Wäldern

Die knollige Stielbasis ist abrollbar wie Schaukelpferdkufen.

DIE NASE VERRÄT IHN Der Gelbe Knollenblätterpilz riecht unverwechselbar nach muffigen Kartoffeln. Er enthält das hitzelabile Gift Bufotenin, das als „Krötengift" bekannt ist und sich auch auf der Haut von Kröten findet.
VERWECHSLUNG Der Grüne Knollenblätterpilz (S. 70) besitzt selten Velumreste auf der Huthaut. Der Narzissgelbe Wulstling *(A. gemmata)* ist meist intensiver gelb und riecht nicht nach Kartoffeln. Beide sind giftig. Gelben Täublingen (*Russula* spec.) fehlen die knollige Stielbasis und der Ring. Manche davon sind essbar.

Grüner Knollenblätterpilz ☠

Amanita phalloides

HUT: bis zu 15 cm breit
LAMELLEN: weiß, eng stehend, frei
STIEL: weißlich bis grünlich, leichte Natterung, geriefter, hängender Ring, Stielbasis oft etwas verdickt, aus lappiger Scheide herauswachsend
LEBENSRAUM: Mykorrhizapartner vor allem bei Laubbäumen wie Buche und Eiche

DER KÖNIG DER GIFTPILZE Jeder Pilzsammler sollte ihn kennen, denn er ist schon in kleinen Mengen tödlich giftig. Sein Geruch ist süßlich und erinnert an Kunsthonig. Der Grüne Knollenblätterpilz sorgt in Deutschland für die meisten Todesfälle durch Giftpilze und ist einer der Gründe, weshalb du die Stielbasis immer mitsammeln solltest. Sie ist ein wichtiges Bestimmungsmerkmal.
VERWECHSLUNG: Die Lamellenfarbe der teils essbaren Champignons (*Agaricus* spec.) geht von Hellrosa bis Dunkelbraun. Grünen Täublingen (*Russula* spec.) fehlen die Ringe und die typische Scheide an der Stielbasis. Sie sind zum Teil essbar. Andere Knollenblätterpilze, zum Beispiel der Frühlings-Knollenblätterpilz (*Amanita verna*), können durch Aufbau und Farbe mit dem Grünen Knollenblätterpilz verwechselt werden, sind aber auch giftig bis tödlich giftig.

Die tödlichen Giftpilze solltest du sicher erkennen!

Die lappige Scheide ist charakteristisch.

weißlich bis kräftig olivgrün
meist ohne Velumreste
hängender Ring
genattert

Austernseitling

Pleurotus ostreatus

Der Gelbstielige Muschelseitling ist ungenießbar.

HUT: bis zu 20 cm breit
LAMELLEN: weiß, eng stehend, am Stiel herablaufend
STIEL: weiß, seitlich am Hut angewachsen
LEBENSRAUM: Parasit und Zersetzer an Laub- (z. B. Buche, Pappel) und Nadelholz
HALTBAR MACHEN: Pilzpulver herstellen

LECKERER WINTERPILZ Der Austernseitling wächst meist nach dem ersten Frost. Du findest ihn überwiegend an Laubholz. In der Küche ist er vielfältig einsetzbar und eignet sich als Fleischersatz. Da er roh giftig ist, muss er für mindestens 15 Minuten bei über 60 Grad erhitzt werden.
VERWECHSLUNG Der ungenießbare Gelbstielige Muschelseitling *(Sarcomyxa serotina)* besitzt einen gelblich abgesetzten Stiel. Der giftige Ohrförmige Weißseitling (S. 73) wächst an Nadelholz. Lungenseitling *(P. pulmonarius)* und Rillstieliger Seitling *(P. cornucopiae)* sind eher in wärmeren Monaten zu finden und essbar.

Ohrförmiger Weißseitling ☠

Pleurocybella porrigens

HUT: bis zu 8 cm breit
LAMELLEN: weiß, im Alter gelblich, eng stehend, herablaufend
STIEL: fehlend oder sehr kurz
LEBENSRAUM: Zersetzer auf feuchtem Nadelholz

VORSICHT VERWECHSLUNG! Alle Austernseitlingssammler sollten diese Art besonders gut kennen, denn sie sehen sich sehr ähnlich und kommen im Spätherbst gleichzeitig vor.
HEIMTÜCKISCH Dieser Pilz kann nach einer langen Latenzzeit von bis zu vier Wochen das *Pleurocybella*-Syndrom mit schlaganfall-ähnlichen Symptomen auslösen. Todesfälle sind bisher nur in Asien bei Patienten mit vorbestehendem schweren Nierenschaden bekannt.
VERWECHSLUNG Gelbstieliger Muschelseitling (*Sarcomyxa serotina*), ungenießbar. Lungenseitling (*Pleurotus pulmonarius*), Rillstieliger Seitling (*Pleurotus cornucopiae*), Austernseitling (S. 72), alle drei sind essbar.

Potenziell tödlich giftig!

Eigene Austernseitlinge züchten

DAS BRAUCHST DU:

- ❑ eine Schüssel
- ❑ Wasser
- ❑ einen Löffel oder ein paar Einweghandschuhe
- ❑ ein Orchideentöpfchen – hat unten einen Abstandshalter und verhindert, dass deine Pilze nasse Füße bekommen. Außerdem kannst du dem Myzel beim Wachsen zuschauen.
- ❑ Pilzbrut vom Austernseitling – ich arbeite gern mit Körnerbrut, weil sie gut zu dosieren ist und vielseitig verwendet werden kann.
- ❑ alten, gut abgetrockneten Kaffeesatz

Mein Tipp: Den Kaffeesatz direkt aus der Maschine nehmen und in einer Auflaufform im Ofen oder auf der Heizung trocknen. Dann können sich möglichst wenig Schimmelpilze einnisten.

UND SO GEHT'S:

1) Vermenge den Kaffeesatz mit so viel kaltem Wasser, dass er gut angefeuchtet ist, sich aber kein Wasser unten in der Schüssel absetzt.
2) Jetzt geht es ans Schichten: Befülle deinen Topf mit 2–3 cm Kaffeesatz. Dem folgt eine dünne Schicht Körnerbrut. Das machst du nun abwechselnd, bis der Topf voll ist. Die Deckschicht sollte aus Kaffeesatz bestehen.
3) Der Topf möchte an einem warmen Ort bei etwa 20 Grad stehen und täglich besprüht oder mit wenigen Tropfen Wasser benetzt werden.
4) Nach zwei bis drei Wochen können schon die ersten Fruchtkörper erscheinen. Ab diesem Zeitpunkt musst du deinen Topf nun täglich richtig gut wässern. Aber Achtung: Pilze mögen keine nassen Füße, also schütte unten herauslaufendes Wasser immer ab.

Gewöhnlicher Samtfußrübling

Flammulina velutipes

Er wächst büschelig an Laubbäumen.

HUT: bis zu 8 cm breit
LAMELLEN: eng stehend, cremefarben, mit Zwischenlamellen
STIEL: an der Stielspitze hell, dann zur Stielbasis hin dunkel bis fast schwarzbraun werdend
LEBENSRAUM: Zersetzer auf Laub- (z. B. Buche, Pappel), selten auch an Nadelholz
HALTBAR MACHEN: einlegen

MASSENFUND IM SCHNEE Du kannst ihn in großer Zahl an geschwächten Laubbäumen und Totholz finden – sogar im Schnee. Da der feinfilzige Stiel sehr zäh ist, solltest du nur die Hüte nutzen. Sie eignen sich gut für eine wärmende Suppe nach dem Winterspaziergang oder gebraten aufs Raclette.
VERWECHSLUNG Im Winter gibt es nicht viele Verwechslungspartner. Tödlich giftige Gift-Häublinge (S. 105) besitzen einen silbrig überfaserten Stiel. Auch die giftigen Schwefelköpfe (*Hypholoma* spec.) kommen infrage.

Gemeiner Hallimasch

Armillaria ostoyae

HUT: bis zu 8 cm breit
LAMELLEN: hell, eng stehend, mit Zwischenlamellen
STIEL: längsfaserig, unterhalb des Rings meist sehr geschuppt
LEBENSRAUM: Parasit auf Laub- und Nadelholz
HALTBAR MACHEN: einlegen

GIGANTISCH!

Das größte Lebewesen der Erde ist mit etwa 9 km² Fläche ein Hallimasch in Oregon!

UMSTRITTENER SPEISEPILZ Der Hallimasch kann roh magen-darm-giftig sein. Wenn überhaupt, sollten nur Hüte verzehrt werden, die nicht größer sind als ein 2-Euro-Stück, der Stiel ist sehr zäh. Dann solltest du die Hüte mindestens 15 Minuten kochen, das Wasser abschütten und dann die Prozedur wiederholen. Selbst nach der aufwendigen Aufbereitung kann der Pilz bei vielen Menschen Unverträglichkeiten hervorrufen, daher empfehle ich, ihn nicht zu essen.

VERWECHSLUNG Der Sparrige Schüppling *(Pholiota squarrosa)* und der Honiggelbe Hallimasch *(A. mellea)* sind beide etwas heller oder gelber und keine Speisepilze.

im Alter trichterförmig
beigefarben
jung gebuckelt
mit eingerolltem Hutrand

Mönchskopf

Infundibulicybe geotropa

HUT: bis zu 25 cm breit
LAMELLEN: in Hutfarbe, am Stiel etwas herablaufend
STIEL: zur Stielbasis hin verdickt, beigefarben
LEBENSRAUM: Zersetzer von Laubstreu auf überwiegend kalkigen Böden, gern an Wegrändern, wächst im Hexenring
HALTBAR MACHEN: einlegen

BUCKELIGE ANGELEGENHEIT Den Mönchskopf kannst du häufig an Wegrändern finden. Er besitzt einen angenehmen Duft nach Lavendel und weißer Schokolade. Hat sich sein Hut bereits trichterförmig gehoben, kannst du noch immer mit dem Finger den charakteristischen kleinen Buckel in der Mitte ertasten.
VERWECHSLUNG Andere Trichterlinge (*Clitocybe* spec.) kommen infrage, sind jedoch meist deutlich kleiner und filigraner. Viele von ihnen sind giftig. Die Nebelkappe (S. 60) wächst oft in den gleichen Wäldern und sieht im Alter dem Mönchskopf immer ähnlicher.

Und manchmal dienen die großen Trichter dann auch zufällig als Ablage für Tierhinterlassenschaften.

HEXENRINGE

Pilzmyzele wachsen im Durchschnitt etwa 25 cm pro Jahr kreisförmig nach außen, denn im Zentrum sind die Nährstoffe verbraucht. So kann man das Alter des Myzels anhand eines Hexenrings gut einschätzen.

So erkennst du Nadelbäume

UM BESTIMMTE PILZE finden und bestimmen zu können, brauchst du ein bisschen Wissen über Bäume. Beginne mit den Nadelbäumen, denn unter ihnen gibt es viele Mykorrhizapartner. Die Nadelbaumbestimmung kannst auch dann üben, wenn gerade weniger Pilze wachsen.

Weiß-Tanne (*Abies alba*)

- Nadeln an der Spitze abgerundet und gleichmäßig am Ast verteilt
- zwei weiße Wachsstreifen an der Unterseite
- Zapfen zerfallen bereits am Baum und kommen als einzelne Schuppen am Boden an, deshalb nur selten zu finden
- Diese Pilze findest du hier: Pfifferling, Lachs-Reizker, Flockenstieliger Hexenröhrling und mehr

Wald-Kiefer (*Pinus sylvestris*)

- Nadeln sehr lang, wachsen immer paarweise und meist in kleinen Bündeln von zwei bis fünf Paaren
- Zapfen öffnen sich bei trockenem Wetter, um die Samen zu entlassen, und schließen sich bei Feuchtigkeit
- Diese Pilze findest du hier: Ohrlöffel-Stacheling (auf Zapfen), Kiefern-Steinpilz, Krause Glucke und mehr

Europäische Lärche (*Larix decidua*)

- einziger heimischer Nadelbaum, der im Winter die Nadeln abwirft
- Nadeln kurz, wachsen immer büschelig beisammen
- Zapfen klein und etwas eiförmig, werden mitsamt den Ästchen abgeworfen
- Diese Pilze findest du hier: Gold-Röhrling, Lärchen-Schneckling, Grauer Lärchenröhrling und mehr

Douglasie (*Pseudotsuga menziesii*)

- bei uns nicht heimisch, gehen keine Lebensgemeinschaften mit unseren Pilzen ein
- Nadeln lang und dünn, wirken am Ast immer leicht struppig
- Zapfen mittelgroß, mit kleinen „Fähnchen", die oben auf den Schuppen aufliegen
- kleine Harztropfen an jungen Stämmen, die sehr zitronig riechen, wenn du sie mit den Fingern ausdrückst
- Diese Pilze findest du hier: selten Lärchenröhrling oder Krause Glucke

Gemeine Fichte (*Picea abies*)

- Fichtennadeln kurz, spitz und spiralig ums Ästchen verteilt
- Zapfen lang und oft leicht gebogen, fallen im Ganzen vom Baum
- geschlossene Fichtenzapfen zeigen, dass im Wald eine gute Grundfeuchtigkeit vorhanden ist; geöffnete zeigen Trockenheit an
- Diese Pilze findest du hier: Fichten-Steinpilz, Perlpilz, Maronen-Röhrling und mehr

Eibe (*Taxus baccata*)

- in allen Teilen stark giftig
- roter Samenmantel ungiftig, aber giftige Samen im Inneren; ich rate vom Verzehr ab
- Nadeln ähnlich angeordnet wie die der Tanne, aber zugespitzt und ohne Wachsstreifen auf der Unterseite
- Achtung: Bitte sammle keine Pilze, die auf Eiben oder Eibensubstrat gewachsen sind. Es ist noch nicht abschließend geklärt, ob sie die Gifte aufnehmen können.

Parasol, Riesenschirmling

Macrolepiota procera

HUT: bis zu 35 cm breit
LAMELLEN: weiß, eng stehend und frei
STIEL: genattert, mit verschiebbarem Ring
LEBENSRAUM: Zersetzer an Waldrändern, auf Wiesen, an Straßenböschungen
HALTBAR MACHEN: paniert einfrieren oder trocknen und pulverisieren

WEITHIN SICHTBAR Der Parasol ist sehr beliebt. Schon vom Auto aus kannst du die riesigen Hüte auf den Wiesen ausmachen. Du findest sie auf leicht gedüngten Wiesen oder auch in Wäldern. Der Stiel ist zäh, kann aber zu würzigem Pilzpulver verarbeitet werden.
SCHNITZELPILZ Da er roh giftig ist, muss er bei der Zubereitung eine Kerntemperatur von über 60 Grad erreichen. Panierst du große Hüte im Ganzen und brätst sie als Schnitzel, solltest du sie noch mit einem Fleischthermometer in den Backofen geben und etwas nachgaren.

VERWECHSLUNG Der essbare Olivbraune Safranschirmling (S. 85) und der giftige Garten-Giftschirmling *(Chlorophyllum venenatum)* unterscheiden sich durch ihre rötlichen Verfärbungen. Der essbare Zitzen-Riesenschirmling (S. 84) ist kleiner und fällt durch seine nippelartige Wölbung auf der Hutmitte auf. Der Spitzschuppige Stachel-Schirmling (S. 86) besitzt einen strengen Geruch und ist giftig.

Weiter geöffnete Parasolpilze sind einfacher zu bestimmen und zuzubereiten.

MEIN TIPP

Sind die Hüte gerade dabei aufzugehen, kannst du sie für ein paar Stunden in eine mit Wasser gefüllte Vase stellen. Manchmal öffnen sich die Schirme dann weiter.

Zitzen-Riesenschirmling

Macrolepiota mastoidea

HUT: bis zu 15 cm breit
LAMELLEN: weiß, eng stehend mit Zwischenlamellen, frei
STIEL: cremefarben bis braun genattert, längsfaserig mit verschiebbarem Ring, Stielrinde leicht rötend
LEBENSRAUM: Zersetzer auf Wiesen und in Wäldern
HALTBAR MACHEN: paniert einfrieren oder trocknen und pulverisieren

KLEINES SCHNITZEL Der Zitzen-Riesenschirmling ist nicht ganz so geschmacksintensiv wie der Parasol, aber ebenfalls essbar und nicht zu verachten. Er riecht nussig. Da er einen dezent genatterten Stiel und einen verschiebbaren Ring besitzt, kann man ihn leicht mit kleineren Exemplaren des beliebten Speisepilzriesen Parasol verwechseln.
VERWECHSLUNG Der essbare Olivbraune Safranschirmling (S. 85) und der giftige Garten-Giftschirmling *(Chlorophyllum venenatum)* unterscheiden sich durch die stärkere Rötung und ihren glatten Stiel. Dem Parasol (S. 82) fehlt der nippelförmige Buckel. Der giftige Spitzschuppige Stachel-Schirmling (S. 86) stinkt.

Olivbrauner Safranschirmling

Chlorophyllum olivieri

HUT: bis zu 15 cm breit

LAMELLEN: weiß, eng stehend mit Zwischenlamellen, frei

STIEL: cremefarben bis braun, längsfaserig mit verschiebbarem Ring, ohne Natterung, innen meist hohl, Stielbasis deutlich knollig

LEBENSRAUM: Zersetzer auf Wiesen und in Wäldern

HALTBAR MACHEN: paniert einfrieren oder trocknen und pulverisieren

Im Anschnitt kannst du die Rotfärbung gut erkennen.

VERRÄTERISCHES ROT Der Olivbraune Safranschirmling rötet bei Verletzung. Kratze den Stiel mit dem Messer an oder schneide den Fruchtkörper einmal durch. Trotzdem ist die Abgrenzung zum Garten-Giftschirmling nicht einfach. Daher ist er für Anfänger nur bedingt geeignet.

VERWECHSLUNG Zitzen-Riesenschirmling (S. 84), essbar. Spitzschuppiger Stachel-Schirmling (S. 86), giftig. Kleine Schirmlinge (*Lepiota* spec.), sind überwiegend sehr giftig.

Spitzschuppiger Stachel-Schirmling

Lepiota aspera

HUT: bis zu 15 cm breit
LAMELLEN: weißlich, im Alter rostfleckig, gedrängt stehend, frei, jung von einem spinnwebartigen Velum verschlossen
STIEL: wie Hut gefärbt, kleine Schüppchen unterhalb des hängenden Rings, Stielbasis häufig leicht knollig verdickt
LEBENSRAUM: Zersetzer in der Streu von Laub- und Nadelwäldern, gern an Wegrändern

ROBUST Der Spitzschuppige Stachel-Schirmling sucht sich nicht gerade die schönsten Fleckchen zum Leben aus. Er bevorzugt kalkhaltige Wegränder oder Schuttablageplätze. Bist du dir unsicher, ob du ihn gefunden hast, halte einmal deine Nase daran: Der Geruch ist unangenehm stechend, manchmal gasartig oder mehlig.
VERWECHSLUNG Olivbrauner Safranschirmling (S. 85), Zitzen-Riesenschirmling (S. 84). Beide sind essbar. Garten-Giftschirmling (*Chlorophyllum veneatum*), giftig. Kleine giftige Schirmlinge (*Lepiota* spec.).

Saitenstieliger Knoblauchschwindling

Mycetinis alliaceus

HUT: bis zu 5 cm breit
LAMELLEN: cremefarben bis grau, entfernt stehend
STIEL: lang, schlank, schwarzbraun
LEBENSRAUM: Zersetzer in der Laubstreu von Buchen
HALTBAR MACHEN: einlegen

DER NAME IST PROGRAMM Der Knoblauchschwindling ist ein guter Anfängerpilz, der durch seinen intensiven Knoblauchgeruch leicht zu erkennen ist. Am besten verwendest du ihn in kleinen Mengen zum Würzen von Speisen oder zur Herstellen von Würzölen, die deinen Rezepten ein neues Aroma verpassen.
VERWECHSLUNG Der Echte Knoblauchschwindling *(M. scorodonius)* besticht durch einen ebenso intensiven Geruch. Er besitzt einen helleren Stiel und ist noch aromatischer.

PILZÖL

Knoblauchschwindlinge trocknen und für drei Wochen in neutralem Öl (z. B. Sonnenblumenöl) einlegen, dann entfernen. Kühl und dunkel lagern. Etwa sechs Monate haltbar.

TÄUBLINGSPROBE

Bist du dir sicher, dass es sich um einen Täubling handelt, nimm ein 3–5 mm großes Stück Pilz unter der Huthaut heraus, kaue es für ein paar Sekunden und spucke es aus. Schmeckt es scharf, bitter oder betäubend, ist er nicht essbar.

Grüngefelderter Täubling

Russula virescens

HUT: bis zu 12 cm breit
LAMELLEN: weiß bis leicht cremefarbig, brüchig
STIEL: Stielbasis oft mit „Rostflecken", weiß, zur Stielbasis hin spitz zulaufend
LEBENSRAUM: Mykorrhizapartner von Buchen und Eichen
HALTBAR MACHEN: Pilzpulver herstellen

HIGHLIGHT Der Grüngefelderte Täubling ist einer der besten Speisepilze unter den Täublingen. Durch seine besondere Erscheinung ist er gut zu erkennen. Täublinge sind auf den ersten Blick nicht so einfach zu bestimmen, die Täublingsprobe (S. 88) hilft dabei.

DIE GATTUNG RUSSULA erkennst du an ihrem einfachen Aufbau: Hut, Lamellen und ein Stiel, der zur Basis hin meist zugespitzt oder abgerundet ist. Täublinge sind Sprödblättler, das heißt, dass die Lamellen beim Darüberstreichen wie kleine Mandelsplitter herausbrechen (mit Ausnahme des Frauentäublings und des Fleischroten Speise-Täublings). Auch die Stiele frischer Täublinge brechen immer knackend und recht waagerecht ab.

VERWECHSLUNG Der Grüne Speisetäubling *(R. heterophylla)* und der Frauentäubling (S. 93) haben die gleiche Form und eine ähnliche Hutfarbe, aber ihnen fehlt die typisch felderig aufgerissene Huthaut. Beide sind essbar. Der tödlich giftige Grüne Knollenblätterpilz (S. 70) besitzt eine Scheide an der Stielbasis und einen Ring.

Täublinge kommen in den unterschiedlichsten Farben daher.

So erkennst du Laubbäume

DA DU JETZT SCHON so gut in der Baum-Materie bist, schauen wir uns doch noch zusammen ein paar gängige Laubbäume an, denn auch unter ihnen gibt es einige wichtige Mykorrhizapartner.

Schwarzer Holunder (*Sambucus nigra*)

- eher Strauch als Baum, für Pilzsammler aber trotzdem spannend
- Blätter unpaarig gefiedert, beim Austrieb noch rötlich-grün
- charakteristische große, weiße Blütendolden und schwarze Früchte
- Äste mit Markscheide in der Mitte
- Diese Pilze findest du hier: Judasohr und mehr

Robinie (*Robinia pseudoacacia*)

- wird auch Scheinakazie genannt
- giftig, bereits die Schösslinge haben lange Dornen
- Blätter lang und unpaarig gefiedert mit zahlreichen zarten Einzelblättchen
- blüht weiß, meist von Mai bis Juni
- Achtung! Bitte sammle keine Pilze, die auf Robinien oder Robiniensubstrat gewachsen sind. Du könntest hier zum Beispiel das Judasohr finden.

Rot-Buche (*Fagus sylvatica*)

- Rinde glatt und grau
- Blätter eiförmig, spitz zulaufend und mit glatten Rändern
- Knospen lang und sehr spitz.
- gut zu erkennen an den stacheligen Fruchtbechern der Bucheckern, die du an ihrem Fuß oft in großen Mengen finden kannst
- Diese Pilze findest du hier: Echter Pfifferling, Sommer-Steinpilz und Herbst-Trompete

Ahornrunzelschorf

Ahorn (*Acer spec.*)

- zeigt nährstoffreiche Böden an, aber du findest hier nur wenige bis gar keine Pilze
- charakteristische fünflappige Blätter bei allen heimischen Ahornarten
- Diesen Pilz findest du hier: Ahornrunzelschorf (Phytoparasit)

Eiche (*Quercus spec.*)

- Rinde längsrillig gefurcht, Äste stark gewunden
- Blätter rundum rundlich gelappt und länger als breit
- typisch hartschalige Eicheln
- Diese Pilze findest du hier: Eichen-Rotkappe, Grüner Knollenblätterpilz und Sommer-Steinpilz

Birke (*Betula pendula*)

- glatte bis stark borkige Rinde, leuchtend weiß, aber unregelmäßig schwarz aufgerissen
- Blätter mehr oder weniger dreieckig, gesägt und spitz zulaufend
- Blüten und Früchte in kleinen Kätzchen
- Diese Pilze findest du hier: Birkenpilz, Birkenporling und Birken-Rotkappe

Fleischroter Speise-Täubling

Russula vesca

HUT: bis zu 10 cm breit
LAMELLEN: weiß, gelegentlich rostfleckig, elastisch
STIEL: weiß, zur Stielbasis hin spitz zulaufend, ringlos
LEBENSRAUM: Mykorrhizapartner von Laub- und Nadelbäumen
HALTBAR MACHEN: Pilzpulver herstellen

EIN ZU KURZES RÖCKCHEN trägt der Fleischrote Speise-Täubling. Seine Huthaut wirkt meist zu klein, sodass das Hutfleisch mit den Lamellen darunter hervorschaut. Er ist für einen geübten Täublingssammler deshalb, recht einfach zu bestimmen.
VERWECHSLUNG Papageien-Täubling *(R. ionochlora)* und Frauentäubling (S. 93) haben ähnliche Hutfarben, sind aber ebenfalls essbar.

TRICK 17

Essbare Täublinge erkennst du mit der Täublingsprobe – siehe S. 88.

Frauentäubling

Russula cyanoxantha

Der bunt schillernde Hut ist einfach eine Augenweide.

HUT: bis zu 12 cm breit
LAMELLEN: weiß, elastisch, recht eng stehend
STIEL: weiß, zur Stielbasis hin zugespitzt
LEBENSRAUM: Mykorrhizapartner von Laub- und Nadelbäumen, gern auf kalkigen Böden
HALTBAR MACHEN: Pilzpulver herstellen

AUSNAHMEN BESTÄTIGEN DIE REGEL? Der Frauentäubling gilt als Ausnahme von der Regel, denn seine Lamellen sind nicht, wie für Täublinge üblich, brüchig bis porös, sondern sehr elastisch. Sie brechen nicht, sondern lassen sich beim Darüberstreichen biegen. Die Hutfarbe des Frauentäublings ist sehr vielfältig mit Violett-, Lila- und Grüntönen und daher kein gutes Bestimmungsmerkmal. Hier kannst du die Täublingsprobe (S. 88) anwenden.
VERWECHSLUNG Papageien-Täubling *(R. ionochlora)*, Blaugrüner Reif-Täubling *(R. parazurea)*. Beide haben die für Sprödblättler typisch brüchigen Lamellen und sind essbar.

Dickblättriger Schwärztäubling

Russula nigricans

HUT: bis zu 10 cm breit
LAMELLEN: schmutzig weiß bis rötlich/schwarz, dick, entfernt stehend, mit vielen kurzen Zwischenlamellen
STIEL: kurz und dick, erst weißlich, bei Verletzung erst rötend, dann schwärzend, ringlos
LEBENSRAUM: als Mykorrhizapartner von vielen Laub- und Nadelbäumen

Im Anschnitt färbt er sich rot.

BRÜCHIG Du erkennst ihn an den kräftigen, weit voneinander entfernt stehenden Lamellen. Beim Darüberstreichen brechen sie besonders porös heraus.
BEI DER PAPIERHERSTELLUNG und beim Färben von Wolle und Seide sorgt er für einen schönen mausgrau-silbernen Farbton.
VERWECHSLUNG Der Dichtblättrige Schwärztäubling *(R. densifolia)* ist nur schwer abzugrenzen, der Menthol-Schwärztäubling *(R. albonigra)* färbt sich im Anschnitt schwarz. Beide sind ungenießbar.

Geflecktblättriger Flämmling

Gymnopilus penetrans

HUT: bis zu 6 cm breit
LAMELLEN: jung lebhaft gelb, oft mit leicht rostigen Flecken, eng stehend
STIEL: ocker bis gelb mit leichter, weißlicher Überfaserung, im Alter zunehmend rostfleckig
LEBENSRAUM: Zersetzer meist auf Nadelhölzern

Färbepilz!

UNGENIESSBAR, ABER SAMMELN LOHNT SICH Diesen Pilz, der sehr häufig auf Totholz vorkommt, solltest du als Verwechslungspartner des Stockschwämmchens kennen. Du kannst ihn oft in großen Mengen finden und als Färbepilz für Wolle und Seide nutzen. Der Geflecktblättrige Flämmling erzeugt einen schönen Gelbton.

ABGRENZUNG Das essbare Stockschwämmchen besitzt im Idealfall einen sehr schuppigen Stiel mit einem kleinen Ring. Der potenziell tödlich giftige Gift-Häubling hat diesen Ring auch, ihm fehlen allerdings die Schuppen am Stiel, der stattdessen silbrig überfasert ist.

VERWECHSLUNG Flämmlinge (*Gymnopilus* spec.), ungenießbar. Gift-Häubling (S. 105), potenziell tödlich giftig. Stockschwämmchen (S. 106), essbar.

Seifen-Ritterling ☠

Tricholoma saponaceum

HUT: bis zu 12 cm breit
LAMELLEN: cremeweiß, ausgebuchtet angewachsen, etwas entfernt stehend, können den Hutrand etwas überragen
STIEL: zur Stielbasis hin oft leicht zugespitzt und orangerosa, ringlos, kann auch geschuppt oder genattert sein
LEBENSRAUM: Mykorrhizapartner vieler Laub- und Nadelbäume

Die Lamellen wirken oft grünlich.

WASCHKÜCHENGERUCH Ritterlinge erkennst du an ihrem eher größeren Habitus. Zwischen Lamellen und Stiel siehst du meist einen sogenannten Burggraben. Der Seifen-Ritterling ist eine der häufigsten Arten. Er riecht nach Seifenlauge und wird daher auch Waschküchen-Ritterling genannt.
VERWECHSLUNG Der Grüngelbe Ritterling *(T. sejunctum)* riecht gurkigmehlig, der Grünling *(T. equestre)* besitzt zudem gelbliche Lamellen und ist eher bei Kiefern zu finden. Beide sind tödlich giftig.

Schwefel-Ritterling ☠

Tricholoma sulphureum

HUT: bis zu 8 cm breit
LAMELLEN: schwefelgelb, ausgebuchtet angewachsen, sehr entfernt stehend, mit Zwischenlamellen
STIEL: leuchtend schwefelgelb
LEBENSRAUM: Mykorrhizapartner vieler Laub- und Nadelbäume, gern auf saurem Boden

Burggraben und Zwischenlamellen sind beim Schwefel-Ritterling gut zu sehen.

IMMER DER NASE NACH Der Schwefel-Ritterling riecht aufdringlich nach Schwefel oder abgebrannten Streichhölzern. Er zeigt sich gern auf sauren Böden zwischen Laub- und Nadelbäumen und hat man einmal seine Nase darangehalten, wird man ihn so schnell nicht vergessen.

RITTERLICHES MERKMAL Für die Gattung der Ritterlinge sind ausgebuchtet angewachsene Lamellen typisch und der Schwefel-Ritterling bildet hier keine Ausnahme. Zwischen Lamellen und Stiel besteht bei ihnen ein sogenannter Burggraben.

VERWECHSLUNG Grünling *(T. equestre)*, tödlich giftig.

Purpurfilziger Holzritterling

Tricholomopsis rutilans

HUT: bis zu 15 cm breit
LAMELLEN: gelblich, ausgebuchtet angewachsen bis herablaufend, eng stehend mit Zwischenlamellen
STIEL: mit gelber Grundfarbe und Rottönen, oft mit hellerer abgesetzter Stielspitze, im Alter hohl werdend
LEBENSRAUM: Zersetzer auf Nadelholz

Hier siehst du die helle Stielspitze

SCHON VON WEITEM ZU ENTDECKEN Der Purpurfilzige oder auch Rötliche Holzritterling ist ein häufiger Zersetzer auf morschen Nadelholzstümpfen. Sein Geruch ist obstartig säuerlich.
VERWECHSLUNG Der essbare Olivgelbe Holzritterling *(T. decora)* ist gelblich mit einer dunkleren Hutmitte und meist etwas kleiner als der Purpurfilzige Holzritterling. Der Schwefel-Ritterling (S. 97) besitzt zudem einen intensiven Geruch nach abgebrannten Streichhölzern.

Edel-Reizker, Echter Reizker

Lactarius deliciosus

HUT: bis zu 10 cm breit
LAMELLEN: fleischfarben, beige, eng stehend, leicht herablaufend
STIEL: kurz, zunächst innen wattig, später hohl, wie der Hut gefärbt, ringlos und mit Grübchen
MILCH: orange, später grünlich
LEBENSRAUM: Mykorrhizapartner von Kiefern
HALTBAR MACHEN: einlegen

Alle Reizker mit orangefarbener oder roter Milch sind essbar!

ANFÄNGERPILZ Der Edel-Reizker ist ein guter Anfängerpilz, weil er gut vom Auge wahrgenommen wird. Er hängt an Kiefern und ist geschmacklich der Beliebteste unter den Reizkern. Der austretende Milchsaft ist erst karottenrot und färbt sich nach einiger Zeit grünlich. Dank der roten Milch kannst du ihn nur mit anderen essbaren Reizkern verwechseln.
VERWECHSLUNG Der Fichten-Reizker (S. 101) zeigt Grüntöne am Fruchtkörper. Am Stiel des Lachs-Reizkers (S. 100) findest du kleine Grübchen. Beide sind essbar.

Lachs-Reizker

Lactarius salmonicolor

HUT: bis zu 10 cm breit
LAMELLEN: in Hutfarbe, eng stehend, leicht am Stiel herablaufend
STIEL: mit kleinen Grübchen, hohl
MILCH: orange, später weinrot
LEBENSRAUM: Mykorrhizapartner von Weißtannen und Fichten
HALTBAR MACHEN: einlegen

Die orangefarbene Milch verfärbt sich später weinrot.

MIT ÜBERRASCHUNGSEFFEKT Die orangefarbene Milch des Lachs-Reizkers verfärbt sich an der Luft dunkel weinrot. Wer schon einmal Reizker gegessen hat, kennt vielleicht das Phänomen, dass sich der Urin verfärben kann. Es gibt Erzählungen, nach denen sich sogar Muttermilch durch den Verzehr von Reizkern verfärbt haben soll. Aus eigenen Erfahrungen kann ich das jedoch nicht bestätigen.
VERWECHSLUNG Fichten-Reizker (S. 101), Edel-Reizker (S. 99), beide sind essbar.

Fichten-Reizker

Lactarius deterrimus

HUT: bis zu 12 cm breit
LAMELLEN: in Hutfarbe, eng stehend, leicht am Stiel herablaufend
STIEL: hohl bis wattig gefüllt, ohne Grübchen
MILCH: orange, später weinrot
LEBENSRAUM: Mykorrhizapartner von Fichten und Tannen
HALTBAR MACHEN: einlegen

EINLADEND Der süßlich fruchtige Geruch des Fichten-Reizkers findet nicht nur unter den Menschen viele Liebhaber. Leider sind oft auch sehr junge, kugelige Fruchtkörper schon verwurmt. Hast du Glück, so eignen sich Reizker sehr gut zum Anbraten und zum Einlegen.
VERWECHSLUNG Edel-Reizker (S. 99), Lachs-Reizker (S. 100).
Beide sind essbar.

KLEINE UNTERSCHIEDE

Schau dir auf jeden Fall einmal alle Reizker an und vergleiche sie!

Milch-Brätling

Lactifluus volemus

HUT: bis zu 12 cm breit
LAMELLEN: cremefarben, eng stehend, bei Verletzung tritt Milch aus
STIEL: creme-gelblich, zur Stielbasis hin wie Hut gefärbt und leicht zugespitzt
MILCH: weiß, dunkelt bräunlich nach
LEBENSRAUM: Mykorrhizapartner von Laub- und Nadelbäumen
HALTBAR MACHEN: einlegen

GESCHMACKSSACHE Der Milch-Brätling hat viele Fans. Ich gehöre nicht wirklich dazu. Jedes Jahr probiere ich ihn aufs Neue und stelle immer wieder fest, dass er nicht zu meinen Lieblingen gehört. Manche Pilzsammler schwören aber auf seinen Geschmack, der mich trotz Durchgaren an Hering erinnert. Du erkennst ihn an seinem aufdringlichen Heringsduft, der sich in der Regel beim Braten verliert. Er gehört zu den essbaren weiß milchenden Arten.
VERWECHSLUNG Der giftige Wollige Milchling *(Lactifluus vellereus)* wird auch Erdschieber genannt und ist häufig mit viel Erde behaftet. Der Kampfer-Milchling *(Lactarius camphoratus)* besitzt einen intensiven Duft nach Liebstöckel und der Flatter-Milchling *(Lactarius tabidus)* riecht neutral. Beide sind nicht essbar.

Bei Verletzung tritt weiße Milch aus dem Pilz aus.

Riecht extrem nach Fisch!
mittig oft vertieft
matt
rost-orange

Orangemilchender Helmling

Mycena crocata

HUT: bis zu 1,5 cm breit
LAMELLEN: in Hutfarbe, eng stehend, am Stiel angeheftet, auch mit rötlichen Farben
STIEL: zur Stielbasis hin zunehmend rötlich, Basis etwas verdickt und striegelig-filzig
MILCH: orange
LEBENSRAUM: Zersetzer auf Buchenstreu

HINTERLÄSST SPUREN Wie der Name schon verrät, zaubert dieser Pilz bei Pilzcoachings immer wieder bunte Farben auf unsere Hände. Er ist ein wunderschöner, filigraner Pilz mit alkalischem oder rettichartigem Geruch, den die Kinder gern zum Schreiben ihrer Namen in der Natur nutzen.
VERWECHSLUNG Der Blut-Helmling *(M. haematopus)* besitzt blutrote Milch und der Dehnbare Helmling *(M. epipterygia)* einen weiß-gelblichen Stiel. Beide sind ungenießbar.

Gift-Häubling ☠

Galerina marginata

Wer Stockschwämmchen zu Speisezwecken sammeln möchte, muss den Gift-Häubling kennen!

HUT: bis zu 6 cm breit
LAMELLEN: gelblich bis rotbräunlich
STIEL: silbrig überfasert, mit flüchtigem Ring
LEBENSRAUM: Zersetzer auf Laub- und Nadelhölzern

DER KLEINE UNSCHEINBARE PILZ mit der großen Wirkung – der Gift-Häubling oder Nadelholz-Häubling enthält Amanitin, dasselbe Gift wie der Grüne Knollenblätterpilz. Er wächst meist auf totem Nadelholz, wurde aber auch schon zwischen seinen essbaren Verwechslungspartnern, den Stockschwämmchen, auf Laubholz gefunden. Er gehört zu den Arten, die man kennen und auf keinen Fall unterschätzen sollte. Das wichtigste Merkmal ist der silbrig überfaserte Stiel, der ihn deutlich vom Stockschwämmchen unterscheidet.

VERWECHSLUNG Flämmlinge (*Gymnopilus* spec.), ungenießbar bis giftig. Andere Häublinge (*Galerina* spec.), oft stark giftig. Stockschwämmchen (S. 106), essbar.

leicht gebuckelt
hygrophan
orangebraun
braun geschuppt

Stockschwämmchen

Kuehneromyces mutabilis

HUT: bis zu 6 cm breit
LAMELLEN: cremefarben bis rostbraun, eng stehend und mit Zwischenlamellen
STIEL: längsfaserig, unterhalb des Rings braun geschuppt
LEBENSRAUM: Zersetzer überwiegend an Laubholzstümpfen
HALTBAR MACHEN: einlegen

Der schuppige Stiel verrät das Stockschwämmchen.

GENAU HINSCHAUEN Das Stockschwämmchen ist kein Pilz für Anfänger. Wichtig ist, dass du dir wirklich jeden einzelnen Fruchtkörper – auch wenn sie in großen Gruppen zusammen an einem Baumstumpf wachsen – genau anschaust und die Merkmale abgleichst. Möchtest du mit deinen gesammelten Pilzen zur Pilzberatung gehen, achte darauf, den gesamten Fruchtkörper mit Hut und Stiel zur Bestimmung mitzunehmen, auch wenn später nur die Hüte verzehrt werden, weil die Stiele oft sehr zäh und faserig sind.
VERWECHSLUNG Das Stockschwämmchen ähnelt einigen Pilzen, darunter stark giftige. Der giftige Sparrige Schüppling *(Pholiota squarrosa)* und die Hallimascharten (*Armillaria* spec.) besitzen teils ebenfalls schuppige Stiele, sind meist aber größer. Auch Gift-Häublinge (S. 105), Flämmlinge (*Gymnopilus* spec., S. 95), beide mit leicht silbrig überfaserten Stielen, und Schwefelköpfe (*Hypholoma* spec.) mit ihren glatten grünlichen Stielen musst du aufgrund ihrer Giftigkeit sicher ausschließen können.

Im Zweifelsfall lieber stehen lassen!

Specht-Tintling

Coprinopsis picacea

HUT: bis zu 4 cm breit
LAMELLEN: schmutzig weißlich bis rosa oder grau gefärbt, sehr eng stehend
STIEL: weiß, meist lang und hohl, leicht beflockt bis genattert, zur Basis hin etwas knollig/feinfilzig, verdickte Stielbasis
LEBENSRAUM: Zersetzer im Wald oder an Wegrändern, gern auf kalkigen Böden bei Buchen

DER VOGELPILZ Durch das Wachstum des Hutes entstehen unregelmäßige Velumflocken, die an Specht- oder Elsterfedern erinnern. Deshalb wird er auch Elstern-Tintling genannt.
LÖST SICH AUF Jung ähnelt der Specht-Tintling einem Schopf-Tintling, er riecht jedoch sehr muffig. Im Alter rollt sich der walzenförmige Hut nach oben auf und zerfließt in sporenhaltige Tinte.
VERWECHSLUNG Die essbaren Schopf-Tintlinge (S. 110) besitzen abstehende Schuppen auf dem Hut und sind viel heller. Faltentintlingen *(C. atramentaria)* fehlt das typisch hell-dunkle Muster, sie sind eher gräulich-faltig und giftig.

Glimmer-Tintling

Coprinellus micaceus

HUT: bis zu 3 cm breit
LAMELLEN: jung hell, im Alter zunehmend dunkel und zerfließend, eng stehend
STIEL: weiß, hohl, dünn
LEBENSRAUM: Zersetzer auf Laubholz

GEFÄHRLICH MIT ALKOHOL Wie andere Tintlinge, steht auch der Glimmer-Tintling im Verdacht, das *Coprinus*-Syndrom auszulösen. Dabei kommt es nach einer Mahlzeit in Verbindung mit Alkoholgenuss innerhalb kürzester Zeit zu Hautrötungen im Gesicht, Hitzegefühl und Atemnot. Den Symptomen liegt eine Alkoholvergiftung zu Grunde, da das enthaltene Coprin den Alkoholabbau im Körper hemmt.

VERWECHSLUNG Kohlen-Tintling *(C. angulatus)* kommt sehr viel seltener vor, der Gelbschuppige Tintling *(C. xanthothrix)* trägt helle Velumflöckchen auf der Huthaut. Beide sind ungenießbar.

IMMER DA

Bei geeigneter Witterung findest du ihn das ganze Jahr über in Büscheln an Stümpfen von Laubholz.

Schopf-Tintling

Coprinus comatus

HUT: bis zu 5 cm breit
LAMELLEN: erst weiß, dann rosa bis hin zu schwarz, sehr eng stehend
STIEL: brüchig, weiß, hohl, mit dünnem Ring
LEBENSRAUM: Zersetzer auf Wiesen und an Wegrändern
HALTBAR MACHEN: frisch genießen

SCHNELL SEIN LOHNT SICH Der Schopf-Tintling ist essbar, solange der gesamte Fruchtkörper innen und außen rein weiß ist. Da sich sein Fleisch sehr schnell durch Autolyse verflüssigt, lässt er sich nicht konservieren und sollte sofort gegessen werden. Der Hut des Schopf-Tintlings rollt sich in reifem Zustand nach oben und löst sich in tintenartige, mit Sporen versetzte Flüssigkeit auf.
SCHREIBEN MIT PILZ Der Tintling eignet sich gut zur Herstellung von Pilztinte. Dafür gibst du die Pilze für etwa drei Tage in ein Glas und siebst danach die verbleibenden Pilzreste heraus. Um die schwarze Pilztinte haltbar zu machen, kannst du ein paar Tropfen Nelkenöl hinzufügen.
VERWECHSLUNG Der Specht-Tintling (S. 108) besitzt eine braun-graue Hutfarbe, der Faltentintling *(Coprinopsis atramentaria)* ist gräulich. Beide sind keine Speisepilze.

Mit zunehmendem Alter zerfließen sie zu Tinte.

SCHREIBWARE

Bereits vor über 300 Jahren wurde mit Pilztinte geschrieben. Bei erhaltenen Texten sind unterm Mikroskop immer noch die Sporen zu erkennen

So jung sind sie essbar!
an der Spitze grau bis bräunlich
abstehende Schuppen
walzenförmig

Kahler Krempling ☠

Paxillus involutus

HUT: bis zu 12 cm breit
LAMELLEN: beigebraun, eng stehend, auf Druck rötend oder bräunend, am Stiel etwas herablaufend
STIEL: zimtbraun, zur Stielbasis hin zugespitzt, ringlos
LEBENSRAUM: Mykorrhizapartner von Laub- und Nadelbäumen, auch in Gärten, säureliebend

Typisch geriefter, feinsamtiger Hutrand

RETTER IN DER NOT? Der Kahle Krempling ist weit verbreitet und wurde vor allem in Notzeiten häufig gegessen. Der wiederholte und rohe Verzehr kann unter anderem zu Organversagen führen, was zu Kriegszeiten viele Leben kostete. Als Färbepilz zaubert er einen schönen Beigeton.
VERWECHSLUNG Die Stielbasis des ungenießbaren Samtfuß-Kremplings (S. 113) ist samtig und dunkel gefärbt. Der Erlen-Krempling *(P. rubicundulus)* ist eher auf kalkigen Böden zu finden und tödlich giftig.

Samtfuß-Krempling

Tapinella atrotomentosa

HUT: bis zu 25 cm breit
LAMELLEN: beige bis braun, eng stehend, am Stiel herablaufend, auf Druck bräunend
STIEL: an der Basis feinsamtig, dunkelbraun, oft dezentral gestielt
LEBENSRAUM: Zersetzer an morschem Nadelholz

Ich koche die Pilze 15 Minuten aus, siebe sie ab und koche die Eier dann im selben Wasser.

GRÜNTÖNE Im Netz sieht man immer wieder Rezepte für „Samtfuß-Krempling-Wurstsalat“. Da Unverträglichkeiten jedoch häufig sind, steht dieser Pilz auf der Liste der „uneinheitlich bewerteten Speisepilze“ und ich empfehle ihn nicht. Er eignet sich aber zum Färben von Wolle und Seide oder Ostereiern in Grüntönen.

Färbepilz!

VERWECHSLUNG Alle Kremplingarten, unter anderem der Kahle Krempling (S. 112) oder der Erlen-Krempling *(Paxillus rubicundulus)*, besitzen ebenso einen eingerollten Hutrand, ihnen fehlt aber die typische, feinfilzige Stielbasis. Beide sind giftig.

Kuhmaul, Großer Schmierling

Gomphidius glutinosus

HUT: bis zu 12 cm breit
LAMELLEN: beige bis gräulich, am Stiel etwas herablaufend, anfangs von Schleimschicht überzogen
STIEL: weiß mit feiner, meist dunkel angedeuteter, leicht schleimiger Ringzone, an der Stielbasis und im Inneren leuchtend gelb
LEBENSRAUM: Mykorrhizapartner von Fichten auf sauren Böden
HALTBAR MACHEN: einlegen

An der schleimigen Haut bleibt Schmutz kleben.

VIELSEITIG NUTZBAR Das Kuhmaul ist ein Färbepilz für Rosatöne. Möchtest du es zubereiten, empfehle ich dir, die schleimige Huthaut schon im Wald abzuziehen. Schmutz aus dem Körbchen bleibt so nicht daran kleben.
VERWECHSLUNG Dem Kupferroten Gelbfuß *(Chroogomphus rutilus)* und dem Rosenroten Gelbfuß *(G. roseus)* fehlt die typisch kanariengelbe Stielbasis. Beide sind essbar.

Spitzgebuckelter Raukopf

Achtung tödlich!

Cortinarius rubellus

Die Lamellen stehen weit voneinander entfernt.

HUT: bis zu 7 cm breit
LAMELLEN: rostorange, entfernt stehend mit Zwischenlamellen, ausgebuchtet angewachsen
STIEL: hutfarben, zur Stielbasis hin leicht verdickt, genattert, oft mit Resten des schleierartigen Velums
LEBENSRAUM: Mykorrhizapartner in Nadelwäldern auf saurem Boden, gern moorig/moosig

VERSTECKTE LAMELLEN Der nach Rettich riechende Pilz gehört zu den Schleierlingen. Die Lamellen der geschlossenen Hüte sind bei dieser Gattung anfangs durch einen spinnwebartigen Schleier verdeckt.
GIFTPILZ Erst bis zu drei Wochen nach dem Verzehr äußert sich akutes Nierenversagen unter anderem durch Durst, Kopf- und Nierenschmerzen.
VERWECHSLUNG Andere Schleierlinge wie der Orangefuchsige Raukopf *(C. orellanus)* oder der Zimtblättrige Hautkopf *(C. cinnamomeus)*, die alle in jungem Zustand das spinnwebsartige Velum besitzen. Beide sind giftig.

Karbol-Egerling ☠

Agaricus xanthodermus

Die Gelbfärbung des Kochwassers ist typisch.

HUT: bis zu 15 cm breit
LAMELLEN: rosa bis dunkelbraun, gedrängt stehend
STIEL: oft gebogen, mit hängendem Ring, gut vom Hut trennbar, Stielbasis bei Verletzung oft chromgelb verfärbend
LEBENSRAUM: Zersetzer auf nähstoffreichen Wiesen und in Parkanlagen

CHAMPIGNONS sind mir zu intensiv pilzig, lagern mehr Schadstoffe ein als andere Pilze und wachsen häufig nahe Kuhdung. Da sie aber viele Anhänger haben, möchte ich dir einen giftigen Verwechslungspartner vorstellen, der häufig vorkommt. Der Karbol-Egerling hat einen besonderen Duft nach Tinte, Jod oder Pflaster.
LIEBER TESTEN Duftet dein Fund nur schwach, überbrühe den Pilz mit kochendem Wasser. Dadurch tritt der Geruch intensiver hervor. Außerdem färbt der Karbol-Egerling das Wasser intensiv gelb.
VERWECHSLUNG Essbare Champignonarten (*Agaricus* spec.).

Grünspan-Träuschling

Stropharia aeruginosa

HUT: bis zu 8 cm breit
LAMELLEN: blassrosa, im Alter gräulich bis lila
STIEL: in Hutfarbe, alt oft hohl, mit kleinem wattig wirkenden Ring, darunter stark geschuppt
LEBENSRAUM: Zersetzer in Laub- und Nadelstreu

Durch das Sporenpulver ist der Ring oft dunkel gefärbt.

HALLUZINOGENER DOPPELGÄNGER In einigen Exemplaren des Blauen Träuschlings, eines Verwechslungspartners, wurden Spuren halluzinogener Stoffe gefunden. Die Unterscheidung des Blauen und des Grünspan-Träuschlings ist makroskopisch manchmal gar nicht so einfach.
ESSBAR ODER NICHT? In vielen Pilzbüchern wird der Grünspan-Träuschling als Speisepilz angegeben. Auf der Speisepilzliste der DGfM ist er jedoch nicht aufgeführt und ich würde ihn auch nicht empfehlen.
VERWECHSLUNG Der essbare Blaue Träuschling *(S. caerulea)* riecht rettichartig, sein Ring ist nur angedeutet. Für Anfänger ist es aber schwer, die beiden Träuschlinge auseinanderzuhalten.

manchmal dunkle
Velumreste am Hutrand
leichte Orangetöne
schwefelgelb oder
gelbgrünlich
halbkugelig
büschelig wachsend

Grünblättriger Schwefelkopf ☠

Hypholoma fasciculare

HUT: bis zu 8 cm breit
LAMELLEN: jung gelb bis grünlich, dann leicht violett bis gräulich, eng stehend
STIEL: längsfaserig, grüngelb
LEBENSRAUM: Zersetzer auf Laub- und Nadelholz

HÄUFIG Grünblättrige Schwefelköpfe wachsen gefühlt immer und überall. Nur selten findet man dagegen den essbaren Graublättrigen Schwefelkopf.
SPEZIALEFFEKTE Alle Schwefelköpfe kannst du zum Färben nutzen. Sie liefern einen Gelbton. Außerdem fluoreszieren sie bei Dunkelheit unter Schwarzlicht. Warum Pilze im Dunkeln leuchten, ist noch nicht sicher geklärt. Es wird aber vermutet, dass sie dadurch Insekten anlocken, die die Fruchtkörper fressen und dadurch die Sporen der Pilze verteilen sollen.
VERWECHSLUNG Die Lamellen des essbaren Graublättrigen Schwefelkopfs (S. 121) sind gräulich. Der ungenießbare Ziegelrote Schwefelkopf (S. 120) ist meist etwas größer und besitzt deutliche Rottöne.

LIGHTSHOW

Mit einer UV-Lampe kannst du die Lamellen der Schwefelköpfe zum Leuchten bringen. Halte sie im Dunkeln einfach mal unter die Pilze.

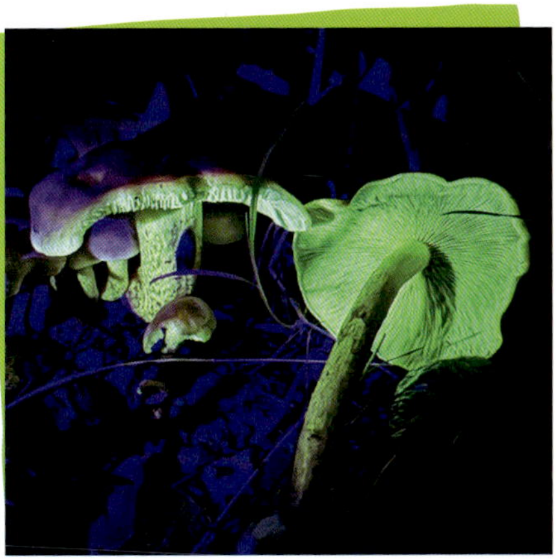

Schwefelköpfe unter Schwarzlicht sehen spektakulär aus.

Ziegelroter Schwefelkopf

Hypholoma lateritium

HUT: bis zu 10 cm breit
LAMELLEN: jung cremefarben, dann violett bis gräulich
STIEL: zur Stielbasis hin dunkler werdend, angedeutete Ringzone
LEBENSRAUM: Zersetzer auf Buchen und Eichen, selten auf Nadelholz

FARBVIELFALT Der größte der Schwefelköpfe kommt überwiegend auf Laubhölzern vor. Auch ihn kannst du zum Färben von Wolle und Seide nutzen. Er ergibt einen Gelbton, der nach dem nochmaligen Überfärben mit Eisenessig zu einem schönen Grauton wird.
VERWECHSLUNG Graublättriger Schwefelkopf (S. 121), essbar. Grünblättriger Schwefelkopf (S. 118), giftig.

Ziegelroter (links), Graublättriger (Mitte) und Grünblättiger Schwefelkopf (rechts)

Graublättriger Schwefelkopf

Hypholoma capnoides

HUT: bis zu 7 cm breit
LAMELLEN: gräulich
STIEL: cremegelb, angedeutete Ringzone
LEBENSRAUM: Zersetzer auf Nadelholz
HALTBAR MACHEN: einlegen

Da Schwefelköpfe nur schwer auseinanderzuhalten sind, solltest du erst etwas Erfahrung sammeln, bevor du sie suchst.

NICHTS VERKOMMEN LASSEN Im Gegensatz zum Grünblättrigen Schwefelkopf, der sehr bitter schmeckt, ist der deutlich seltenere Graublättrige Schwefelkopf – auch Rauchblättriger Schwefelkopf genannt – in der Küche sehr beliebt. Weil die Stiele sehr faserig und zäh sind, empfehle ich dir, nur die Hüte zu nutzen. Die Stiele kannst du zur Herstellung eines Pilzpulvers oder zum Färben nutzen.
SCHUTZMECHANISMUS Der Graublättrige Schwefelkopf produziert Blausäure, um Schnecken abzuwehren, auf deren Speiseplan häufig auch Pilze stehen.
VERWECHSLUNG Die anderen Arten der Schwefelköpfe wie der Ziegelrote Schwefelkopf (S. 120) oder der Grünblättrige Schwefelkopf (S. 118) kommen häufiger vor, sind aber nicht essbar.

Gurkenschnitzling

Macrocystidia cucumis

HUT: bis zu 5 cm breit
LAMELLEN: cremeweiß
STIEL: samtig, dunkelbraun bis schwarz, innen hohl
LEBENSRAUM: Zersetzer in Parkanlagen und an Wegrändern

Der helle Rand ist charakteristisch für diese Art.

GESELLIG Zerreibe den Gurkenschnitzling zwischen den Fingern: Der Geruch erinnert an frisch geriebene Gurken, selten riecht er auch mal ranzig-mehlig. Er ist von Frühling bis Spätherbst zu finden – ziemlich lange. An Wegrändern, auf Holzablageplätzen und in Rindenmulchbeeten ist er oft in großen Gruppen zu beobachten.

VERWECHSLUNG Dem essbaren Butter-Rübling *(Rhodocollybia butyracea)* fehlt der helle Hutrand, der den Gurkenschnitzling ausmacht. Winter-Trompetenschnitzling *(Tubaria furfuracea)*, ungenießbar.

Mehl-Räsling

Clitopilus prunulus

Ich finde den Mehl-Räsling oft an meinen Steinpilzstellen. Er kann also auf Steinpilzvorkommen hindeuten.

HUT: bis zu 10 cm breit
LAMELLEN: jung weißlich, im Alter zunehmend rosa, eng stehend
STIEL: weiß
LEBENSRAUM: Zersetzer in Laub- und Mischwäldern, an Waldrändern und auf Wegen
HALTBAR MACHEN: einlegen

INTERESSANTER DUFT Der Mehl-Räsling ist ein Speisepilz, der aufgrund seiner Ähnlichkeit zu vielen giftigen, weißen Trichterlingen, nur von fortgeschrittenen Sammlern mitgenommen werden sollte. Er besitzt einen besonderen Geruch, den viele mit „nassem Mehl" beschreiben oder als „spermatisch" betiteln würden. Man findet ihn auffallend oft in Gesellschaft von Pfefferröhrling, Fliegen- und Steinpilz. Ob er ein Zersetzer oder doch ein Mykorrhizapilz ist, ist aber noch nicht abschließend geklärt.
VERWECHSLUNG Weiße Trichterlinge (*Clitocybe* spec.), zum Beispiel der Bleiweiße Trichterling (*Clitocybe phyllophila*), sind sehr giftig.

Pilze haltbar machen

Eingelegte Pilze schmecken wunderbar zu einer Brotzeit, zum Raclette oder als Topping auf den Salat. Außerdem sind sie immer ein besonderes Mitbringsel für Geburtstage.

→ Pilze sauer einlegen

DAS BRAUCHST DU:

- ❑ Pilze (z. B. Trompeten-Pfifferling, Steinpilz, Semmel-Stoppelpilz)
- ❑ Salz
- ❑ Essig
- ❑ Thymian, Rosmarin, Lorbeer, Senfsaat, evtl. Chili
- ❑ Zwiebeln
- ❑ Knoblauch

UND SO GEHT'S:

1) Pilze in mundgerechte Stücke schneiden und 15 Minuten in köchelndem Salzwasser garen.
2) Zwei Teile Wasser mit einem Teil Essig mischen und Gewürze, geschnittene Zwiebeln und Knoblauch hineingeben, dann aufkochen. Mit den Gewürzen kannst du ganz nach deinem Geschmack variieren und, wenn du magst, noch mit Chili verfeinern.
3) Die Pilze abschütten, mit dem heißen Gewürzsud in sterilisierte Gläser geben und verschließen. Stelle die Gläser für ein paar Minuten auf den Kopf, um die Haltbarkeit zu verbessern. Dann kühl und trocken lagern.

Mein Tipp:

Wer möchte, kann den Pilzen vor dem Verzehr noch ein Schlückchen gutes Olivenöl spendieren.

→ Pilzpulver herstellen

Du kannst Pilzpulver aus fast allen Speisepilzen oder deren teils zähen Stielen, die sonst übrig bleiben, herstellen. Es bringt eine wunderbare Umami-Komponente in Suppen, Saucen oder Risotto.

DAS BRAUCHST DU:

- ❑ Pilze oder Pilzstiele (z. B. vom Parasol)

UND SO GEHT'S:

1) Am besten trocknest du die Pilze bei etwa 40 Grad im Backofen mit leicht geöffneter Tür oder im Dörrgerät. So bleiben Geschmack, Inhaltsstoffe und Aussehen am besten erhalten.
2) Sind die Pilze vollständig trocken, kannst du sie fein mahlen und das Pulver in saubere Gläser abfüllen.

WICHTIG: Erhitze das Pulver vor dem Verzehr unbedingt zusammen mit dem Gericht!

Pilz-Ravioli mit Salbei

DAS BRAUCHST DU:

Für die Füllung:

- ❑ Speisepilze
- ❑ Knoblauch
- ❑ Zwiebeln
- ❑ Sahne
- ❑ Petersilie
- ❑ Salz und Pfeffer
- ❑ Parmesan
- ❑ Ricotta
- ❑ 1 Ei

Für den Nudelteig:

Mach es dir einfach und kaufe fertigen Nudelteig. Möchtest du ihn doch selbst herstellen, benötigst du 150 g Hartweizengrieß, 150 g Weizenmehl 550, eine Prise Salz, 3 Eigelb, 6 EL Wasser und 3 EL Olivenöl

Außerdem:

- ❑ Butter
- ❑ Salbeiblätter
- ❑ 1 Eigelb
- ❑ Chiliflocken

UND SO GEHT'S:

1) Pilze in Stücke schneiden und anbraten. Knoblauch und Zwiebeln dazugeben und mit einem kleinen Schuss Sahne ablöschen.
2) Etwas abkühlen lassen. Zusammen mit Petersilie, Salz, Pfeffer, Parmesan, Ricotta und einem Ei in den Mixer geben und zu einer groben Masse vermengen.
3) Den Teig ausrollen und in kleine Rechtecke schneiden, einen Teelöffel der Pilzfüllung in der Mitte platzieren, den Rand mit etwas Eigelb bestreichen und zusammenklappen.
4) Die fertigen Pilztaschen für einige Minuten in kochendes Salzwasser gegeben, dann abschöpfen.
5) Butter in einem Topf leicht bräunen und die Salbeiblätter hinzugeben. Die Ravioli damit beträufeln – ich mag gern noch ein paar Chiliflocken drauf.

TIPP: Ich brate meine Ravioli nach dem Kochen gern noch etwas an – ist aber kein Muss!

Pilzbutter

DAS BRAUCHST DU:

- ❑ 2 große Hände voll Speisepilze*
- ❑ 1 Zwiebel
- ❑ 250 g weiche Butter
- ❑ 1 kleiner Bund Petersilie
- ❑ Kräutersalz und Pfeffer

UND SO GEHT'S:

1) Pilze und Zwiebel in möglichst kleine Stücke schneiden und beides in der Pfanne ordentlich durchbraten – das Wasser muss raus, der Geschmack soll drinbleiben.
2) Pilze etwas abkühlen lassen. Die Butter mit der klein geschnittenen Petersilie vermengen, dann die abgekühlten Pilze hinzugeben und mit Kräutersalz und Pfeffer mischen.

*Schmeckt auch super mit Kräuterseitlingen aus dem Supermarkt. Guten Appetit :-)

TIPP: Die Butter schmeckt je nach Pilzart immer wieder ein bisschen anders und du kannst sie wunderbar einfrieren. Sie ist auch immer ein schönes Party-Mitbringsel!

Zunderschwamm

Fomes fomentarius

FRUCHTKÖRPER: bis zu 30 cm breit
POREN: hell, grau
LEBENSRAUM: Parasit und Zersetzer auf Laubholz, meist auf Buche, Birke, Eiche u. a.

STEINZEITLICHES FEUERZEUG Man geht davon aus, dass schon Ötzi den Pilz zum Transport von Glut nutzte, denn man fand einen angebrannten Zunderschwamm bei ihm. Heute lassen sich sogar Schuhe und Kleidung aus dem lederartigen Trama herstellen. Da die mehrjährigen Fruchtkörper aber nur sehr langsam wachsen, sollten sie geschützt werden. Nur noch selten kann ein Zunderschwamm bis zu 30 Jahre alt werden, da genügend große, alte Bäume fehlen.

VERWECHSLUNG Der Fichtenporling (S. 129) ist orange-rot gefärbt. Der Eichen-Feuerschwamm *(Fomitiporia rubusta)* setzt gern Algen an, die ihn fast immer grünlich färben. Beide sind ungenießbar.

TRAMA

So bezeichnet man das Fleisch im Inneren des Pilzfruchtkörpers. Beim Zunderschwamm ist es ledrig.

Fichtenporling

Fomitopsis pinicola

FRUCHTKÖRPER: bis zu 30 cm breit
POREN: hell
LEBENSRAUM: Zersetzer überwiegend an Nadelhölzern, aber auch an Laubhölzern, sehr häufig

Fichtenporlinge bilden neue Fruchtkörper, wenn sich die Ausrichtung des Baumes ändert.

VIELE NAMEN Der Fichtenporling wird auch Deutschlandpilz oder Rotrandiger Baumschwamm genannt. Um ihn vom Zunderschwamm zu unterscheiden, erhitze die Oberseite mit einem Feuerzeug: Beim Fichtenporling schmilzt sie.
BESONDERE FÄHIGKEITEN Viele Pilzarten richten die Porenschicht immer zum Erdboden aus, sodass die Sporen herausfallen können. Das nennt man Geotropismus. Fällt der Wirtsbaum, wird ein neuer Fruchtkörper angelegt.
VERWECHSLUNG Auf der Unterseite des Flachen Lackporlings *(Ganoderma applanatum)* kannst du mit dem Fingernagel malen. Dem Zunderschwamm (S. 128) fehlen die typischen Rottöne. Beide sind ungenießbar.

Schmetterlings-Tramete

Trametes versicolor

FRUCHTKÖRPER: bis zu 6 cm breit
POREN: hell
LEBENSRAUM: Zersetzer auf Laubhölzern

SO ERKENNST DU SIE

Schau dir die Unterseite genau an. Bei Schichtpilzen ist sie farbig, meist rötlich-orangefarben, bei der Schmetterlings-Tramete ist sie weiß.

WUNDERSCHÖN Die Schmetterlings-Tramete ist immer ein Hingucker, wenn sie zahlreich ganze Baumstämme besiedelt und zersetzt. Sie kann zum Basteln von Schmuck verwendet werden. Gerade Anfänger sind aber oft unsicher bei der Abgrenzung zu Schichtpilzen.
VERWECHSLUNG Der Samtige Schichtpilz *(Stereum subtomentosum)* sieht ähnlich aus. Der Angebrannte Rauchporling *(Bjerkandera adusta)* besitzt eine gräuliche Porenschicht und die Unterseite des Birkenblättlings *(Lenzites betulina)* zeigt lamellenartige Strukturen. Alle sind ungenießbar.

Birkenporling

Piptoporus betulinus

FRUCHTKÖRPER: bis zu 20 cm breit
POREN: hell
LEBENSRAUM: Zersetzer nur an toten Birkenstämmen
HALTBAR MACHEN: trocknen, pulverisieren

BIRKENPORLINGE TROCKNEN

Trocknest du ihn in Scheiben, kannst du ihn sowohl zum Basteln nutzen als auch als Tee aufbrühen. Er ist dann weniger bitter als pulverisiert.

VIELSEITIGER VITALPILZ Birkenporlinge eignen sich zur Herstellung von Pilzpapier oder zum Aufbrühen bitterer Vitalgetränke. Man sagt ihm entzündungshemmende und magen-darm-unterstützende Eigenschaften nach. Allerdings gibt es bisher nur wenige aussagekräftige Studien.
JUNG UND ALT Birkenporlinge findest du im Herbst. Jung sehen sie aus wie weiße Bälle, im Alter flachen sie zunehmend ab. Nutzen kannst du sie schon im rundlichen Stadium.
VERWECHSLUNG Der ungenießbare Eichen-Zungenporling *(Buglossoporus quercinus)* wächst hauptsächlich auf Eichen, hat jung eine ähnliche Form wie der Birkenporling, wird dann an der Oberseite gelb-bräunlich und rötet bei Verletzungen.

Schwefelporling

Laetiporus sulphureus

Das Gelb leuchtet dir schon von Weitem entgegen.

FRUCHTKÖRPER: bis zu 40 cm breit
POREN: jung intensiv und leuchtend gelb, mit zunehmendem Alter ausblassend
LEBENSRAUM: Parasit oder Zersetzer an Laubbäumen, gern in Auenwäldern auf Pappel, Weide, Robinie oder in Obstplantagen auf Kirsche oder Apfel
HALTBAR MACHEN: paniert einfrieren

HÜHNCHENPILZ Der Schwefelporling ist lange und meist schon ab Mai zu finden. Seine Form erinnert an Bauschaum, im Alter wird er zunehmend flacher. Vor der Zubereitung macht ihn das Auskochen in Salzwasser für 10 – 15 Minuten verträglicher. Geschmack und Konsistenz erinnern an Hühnchen. Denke beim Sammeln auch an Spritzmittel in Obstplantagen.
VERWECHSLUNG Der Riesen-Porling *(Meripilus giganteus)* und der Bergporling *(Bondarzewia mesenterica)* sind beide deutlich heller und nicht so leuchtend gelb wie der Schwefelporling. Jung sind sie essbar.

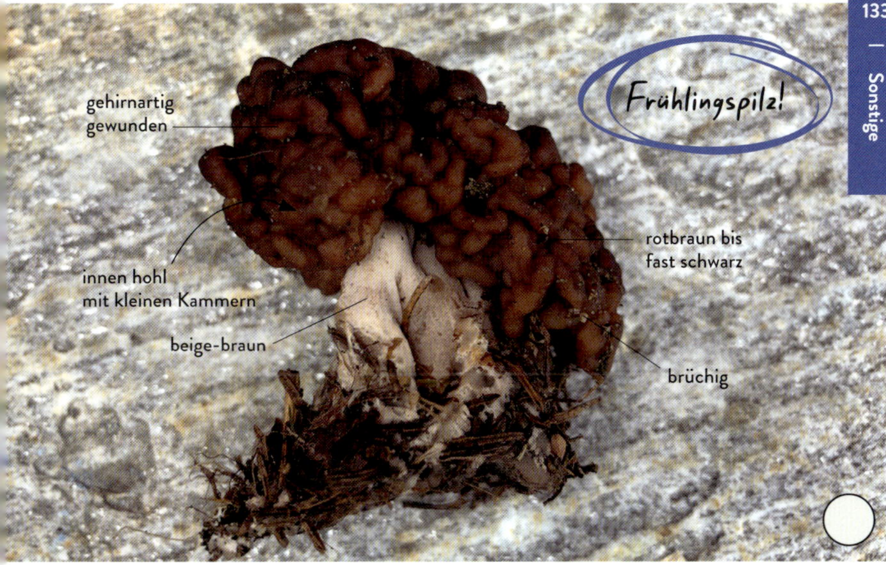

Frühjahrs-Giftlorchel ☠

Gyromitra esculenta

FRUCHTKÖRPER: bis zu 12 cm breit
STIEL: beige, gekammert
LEBENSRAUM: Zersetzer in Nadelwäldern, auf Holzablageplätzen oder Rindenmulch, gern bei Kiefern auf sandigen Böden, im Frühjahr zu finden

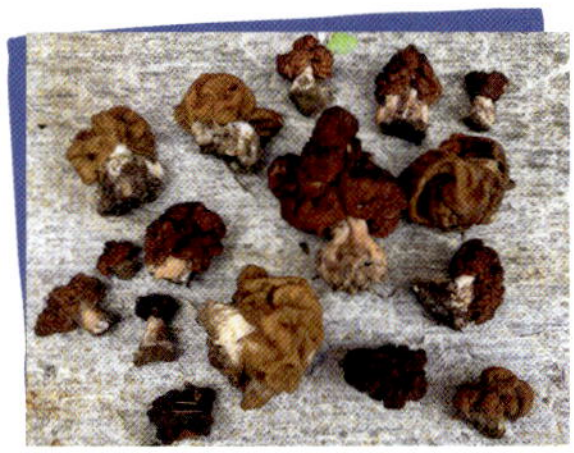

Diese wunderschönen Lorcheln schenkte mir mein Mann. ☺

IRREFÜHRENDER NAME Übersetzt bedeutet „esculenta" essbar. Die Frühjahrs-Giftlorchel wird in alten Kochbüchern teilweise noch als Speisepilz aufgeführt und wurde früher in Deutschland häufig verkauft. In anderen Ländern wird sie manchmal noch als Marktpilz angeboten. Bei uns zählt sie mittlerweile zu den tödlich giftigen Pilzen, weil sie das Nieren- und Lebergift Gyromitrin enthält. Bereits das Einatmen der Dämpfe beim Kochen kann zu schweren Vergiftungen führen. Dabei duftet sie verlockend gut.
VERWECHSLUNG Verschiedene Morchelarten (*Morchella* spec.), essbar. Riesen-Lorchel (*G. gigas*), Bischofsmütze (*G. infula*), tödlich giftig. Schneide deinen Fund auf – Morcheln sind innen hohl, Lorcheln sind gekammert.

Spitzmorchel 🍴 §

Morchella elata

FRUCHTKÖRPER: bis zu 15 cm breit
STIEL: beige, hohl, ungekammert
LEBENSRAUM: Zersetzer in Nadelwäldern, auf Holzablageplätzen oder Rindenmulch
HALTBAR MACHEN: trocknen

LÄUTET DIE PILZSAISON EIN Diesen Speisepilz findest du schon im Frühjahr. Nach ausreichend Regen und den ersten warmen Tagen, taucht er von März bis etwa Mai oder Juni auf. Die Spitzmorchel erscheint in Nadelwäldern und besonders gern auf Rindenmulch. Rindenmulch an Parkplätzen oder Supermärkten eignen sich zwar weniger zur Pilzsuche – vielleicht aber für ein schönes Morchelfoto.
VERWECHSLUNG Die Frühjahrs-Giftlorchel (S. 133) ist der gefährlichste Verwechslungspartner, kann aber mit einem Schnitt durch die Mitte des Pilzfruchtkörpers ausgeschlossen werden. Im Inneren der Lorcheln befinden sich kleine Kammern. Käppchen-Morchel (*M. semilibera) und* Speisemorchel (*M. esculenta*), beide sind essbar.

Morcheln sind außen wabenartig gekammert.

MORCHELLA-SYNDROM

Beim Verzehr größerer Mengen von Morcheln kann es zu Vergiftungserscheinungen kommen. Getrocknet sind sie bekömmlicher und der Geschmack wird herausgekitzelt.

Frühlingspilz!
außen wabenförmig gekammert
oft spitz zulaufend
hohl
braun bis fast schwarz
innen beige

Speisemorchel

Morchella esculenta

Halbiert getrocknet sehen sie im Glas besonders schön aus! ♡

FRUCHTKÖRPER: bis zu 12 cm hoch
STIEL: cremefarbener Stiel innen hohl, nach oben verjüngt mit kleinen Dellen
LEBENSRAUM: Zersetzer in Auenwäldern unter Eschen, aber auch auf Streuobstwiesen gern unter Apfelbäumen auf kalkigen Böden
HALTBAR MACHEN: trocknen

NACH AUSREICHEND REGEN und den ersten warmen Tagen, kannst du sie finden. Die Speisemorchel gehört wie die Spitzmorchel zu den Frühjahrspilzen. Sie besitzt einen angenehm würzig-pilzigen Geruch.
PILZKÖNIGIN Verzweifle nicht, wenn du die Speisemorchel nicht gleich findest. Durch ihre Farbe und besondere Struktur ist sie schwer zu sehen und sie versteckt sich gern unter der üppigen Frühlingsvegetation. Sie zählt auch unter den Pilzsuchern zur Königsdisziplin. Hast du einmal einen guten Morchelplatz gefunden, solltest du ihn dir gut merken.
VERWECHSLUNG Frühjahrs-Giftlorchel (S. 133), giftig. Spitzmorchel (S. 134), Böhmische Verpel (*Verpa bohemica*), beide sind essbar.

Morchel-Becherling

Disciotis venosa

FRUCHTKÖRPER: bis zu 15 cm breit
STIEL: kurz
LEBENSRAUM: Zersetzer in alten Gärten und Parkanlagen, in Auenwäldern auf kalkreichem, lehmigem Boden, bei Eschen und alten Obstbäumen
HALTBAR MACHEN: frisch genießen

Der Stiel ist nur ganz kurz.

VERRÄT DIE MORCHEL Der Morchel-Becherling gilt als Morchel-Anzeiger, denn oft findest du an geeigneten Stellen beide Arten. Der Morchel-Becherling unterscheidet sich durch den markanten Geruch nach Chlor oder Nitrat von seinen Verwechslungspartnern. Er hilft bei der Bestimmung, verfliegt jedoch beim Kochen.
VERWECHSLUNG Öhrlinge (*Otidea* spec.) oder andere Becherlinge (*Peziza* spec.), einige Arten sind essbar. Scheiben-Lorchel (*Gyromitra ancilis*), essbar. Allen fehlt der intensiv chlorartige Geruch.

So kannst du mit Pilzen färben

DAS BRAUCHST DU:

- Schüssel oder Topf und Löffel
- AL Kaltbeize
- Wasser
- Stoff zum Färben aus Wolle oder Seide
- Färbepilze
- Thermometer
- Metallsieb

WICHTIG: Der ph-Wert des Wassers und die Menge der Färbepilze können das spätere Farbergebnis beeinflussen.

SCHRITT 1:
Löse 100 g AL Beize in 5 l Wasser und lege deinen Stoff für mindestens 8 – 12 Stunden darin ein. Spüle sie danach gründlich mit kaltem Wasser aus.

SCHRITT 2:
Koche die zwei- bis dreifache Menge des Stoffs an Pilzen in wenig Wasser etwa 45 Minuten bei 90 Grad aus. Je kleiner die Pilzstücke, desto besser lässt sich die Farbe entwickeln. Anschließend die Pilzstücke heraussieben und den Sud auf etwa 30 Grad abkühlen lassen.

SCHRITT 3:
Den Stoff in den abgekühlten Sud geben und unter regelmäßigem Wenden eine Stunde ziehen lassen.

SCHRITT 4:
Das Färbegut unter klarem Wasser mehrfach ausspülen. Die Farbe ist jetzt beständig und kann im Wolle- oder Seide-Programm in der Waschmaschine gewaschen werden.

Mein Tipp:
Du kannst wie beim Batiken ein paar Stellen mit Schnüren abbinden und dadurch einen schönen Effekt auf deinem Stoff erzeugen.

Klebriger Hörnling

Calocera viscosa

FRUCHTKÖRPER: bis zu 5 cm breit
LEBENSRAUM: Zersetzer auf Nadelholz

MAG ES FEUCHT Der Klebrige Hörnling ist ein Feuchtigkeitsanzeiger. Steht er in vollem Saft, herrschen gute Voraussetzungen für Pilzwachstum. Ist er vertrocknet und erinnert farblich an das Lagerfeuer eines Zwergleins, so sind die Bedingungen nicht optimal. Er wird von vielen Menschen zum Verzehr gesammelt, ist jedoch recht fade im Geschmack, zäh und kann vom menschlichen Körper nicht verwertet werden.

STORYTIME

Ich erzähle manchmal von einem Pilzsammler, der beweisen wollte, dass der Pilz nicht vom Körper aufgenommen wird. Nachdem er denselben Pilz das sechste Mal gegessen hat, sah er den Beweis als erbracht an.

VERWECHSLUNG Korallen (*Ramaria* spec.) sind oft verzweigter, häufig größer und heller. Meist ungenießbar oder giftig. Wiesenkeulen (*Clavaria* spec.), ungenießbar.

Judasohr

Auricularia auricula-judae

Es sieht tatsächlich aus als hätte das Holz Ohren. ☺

FRUCHTKÖRPER: bis zu 8 cm breit
LEBENSRAUM: Zersetzer vor allem auf altem Holunder und auf Laubholz
HALTBAR MACHEN: trocknen

JAHRESBEGLEITER Das Judasohr kannst du das ganze Jahr über – auch im Winter – finden. Es hat keinen besonderen Eigengeschmack, dafür aber eine ganz besondere, etwas zähe Konsistenz. Du kennst das Judasohr bestimmt auch schon als Einlage in asiatischen Gerichten unter dem Namen Mu-Err.

PERFEKT FÜR ASIATISCHES Das Judasohr ist sehr unkompliziert. Deshalb bringe ich gern spontan einzelne Exemplare vom Spaziergang mit nach Hause, lege sie einen Tag auf die Heizung und bewahre sie getrocknet in Gläsern auf. Sind genügend Pilze zusammengekommen, werden sie bei uns meist für asiatische Gerichte genutzt.

VERWECHSLUNG Der Gezonte Ohrlappenpilz *(A. mesenterica)* besitzt eine feinsamtige und gezonte Oberfläche. Abgestutzter Drüsling *(Exidia truncata)*. Beide sind ungenießbar.

Grüngelbes Gallertkäppchen ☠

Leotia lubrica

Mit Körnchen besetzte Stielspitze

FRUCHTKÖRPER: 0,5 – 2 cm breit
STIEL: gelblich, oft gelber als der Hut, mit kleinen Körnchen besetzt, ringlos
LEBENSRAUM: Zersetzer auf nährstoffarmen Böden in Laub- und Nadelwäldern

SCHAU GENAU HIN Das Gallertkäppchen wächst gern auf nährstoffarmen Böden in Laub- und Nadelwäldern. Du kannst es leicht mit dem Trompeten-Pfifferling verwechseln. Im Gegensatz zu diesem besitzt es jedoch keine Leisten und hat eine zähe, fast gummiartige Konsistenz. Tatsächlich wächst es auch gern an den gleichen Stellen wie der Trompeten-Pfifferling – genau hinschauen ist ein Muss!
VERWECHSLUNG Trompeten-Pfifferling (S. 50), essbar.

Breitblättrige Glucke

Sparassis brevipes

FRUCHTKÖRPER: bis zu 40 cm Durchmesser
LEBENSRAUM: Parasit und Zersetzer an Tannen, selten auch an Laubbäumen

Die Steife Koralle *(Ramaria stricta)* wird häufig mit der Glucke verwechselt.

AUF DEN BAUM ACHTEN Die Breitblättrige Glucke ist zwar kein Speisepilz, landet aber trotzdem immer wieder in den Töpfen der Sammler. Für Anfänger ist sie nicht einfach von der Krausen Glucke zu unterscheiden. Hier hilft dir der Blick zum Baum. Die Krause Glucke wächst überwiegend an Kiefern. Außerdem riecht die Breitblättrige Glucke im Gegensatz zur Krausen Glucke eher unauffällig, manchmal leicht pilzig oder waschküchenartig. Sie steht auf der Roten Liste und ist daher schonenswert.

VERWECHSLUNG Korallen (*Ramaria* spec.), die meist deutlich kleiner sind und deutlich aromatischer riechen. Viele sind ungenießbar oder giftig. Krause Glucke (S. 144), essbar.

Der Fruchtkörper besteht aus blattartigen Strukturen.
Krause Glucke hier einmal an Douglasie.
fleischfarben bis gelblich
brüchig
einem Badeschwamm ähnlich

Krause Glucke

Sparassis crispa

FRUCHTKÖRPER: bis zu 40 cm Durchmesser
LEBENSRAUM: Parasit und Zersetzer an Kiefern und immer mehr auch an Douglasien
HALTBAR MACHEN: trocknen

AN KIEFERN SUCHEN Du findest diesen wohlriechend-würzigen Speisepilz vorwiegend an den Wurzelausläufern von Kiefern und auch selten an anderen Nadelhölzern wie Douglasien. Die Glucke kannst du frisch zubereiten, sie eignet sich aber ebenso zum Trocknen und zur Herstellung von Würzpulver.

KLEINTEILIGE REINIGUNG Krause Glucken kannst du gut reinigen, indem du sie mit kochendem Wasser überbrühst, dann ist sie weniger zerbrechlich. Bei leichter Verschmutzung reicht fließendes Wasser. Ich schneide den Pilz dazu in etwa 3 – 4 cm große Stücke und tauche sie einfach unter. Danach wird sie auf Geschirrtüchern ausgebreitet und darf abtrocknen.

VERWECHSLUNG Kleine Korallen (*Ramaria* spec.) können sehr ähnlich aussehen, sind aber fast alle ungenießbar oder giftig. Die Breitblättrige Glucke (S. 143) ist meist cremeweiß und duftet deutlich weniger intensiv.

REZEPT-TIPP

Krause Glucke in kleine Stücke brechen und gut waschen. Mit Zwiebeln in der Pfanne etwas anbraten und mit Sahne und – wer möchte – einem Schluck Weißwein ablöschen. Mit Salz, Pfeffer und Brühe würzen, dann Petersilie hinzugeben. Alles noch ein paar Minuten köcheln lassen und mit Reis, Rösti oder Nudeln genießen.

Riesen-Bovist

Langermannia gigantea

Wow!

FRUCHTKÖRPER: bis zu 40 cm Durchmesser, selten bis zu 60 cm
LEBENSRAUM: Zersetzer auf nährstoffreichen Grasflächen wie in Gärten, an Wegrändern und auf Viehweiden
HALTBAR MACHEN: panieren und einfrieren

KUGELRUND Der Riesen-Bovist ist oft schon aus hunderten Meter Entfernung zu erkennen, wenn er wie ein Fußball auf der Wiese liegt. Riesen-Boviste sind essbar, solange sie innen reinweiß sind. Du kannst sie panieren und anbraten.
SPORENBOMBE Im Inneren der Fruchtkörper werden die Sporen gebildet. Mit zunehmender Reife entsteht auf der Oberseite eine Öffnung, durch die diese mit der Luft oder durch Regentropfen herausgepufft und vom Wind fortgetragen werden. Die übrig gebliebenen Stäublingsgreise kannst du noch monatelang finden.
VERWECHSLUNG Der essbare Hasen-Stäubling *(Lycoperdon utriforme)* ist etwas kleiner sowie weniger rund und besitzt kleine plattenförmige Erhebungen.

Flaschen-Stäubling

Lycoperdon perlatum

FRUCHTKÖRPER: bis zu 5 cm breit
LEBENSRAUM: Zersetzer von Laub- und Nadelwaldstreu, häufig an Wegrändern
HALTBAR MACHEN: panieren und einfrieren

STORYTIME

In alten Geschichten werden Stäublinge als „des Teufels Schnupftabak" bezeichnet.

SOFTIE Flaschen-Stäublinge sind gute Anfängerpilze, denn dank ihres Aussehens und ihrer Häufigkeit sind sie einfach zu finden. Solange sie innen rein weiß sind, kannst du sie für Mischpilzpfannen verwenden oder sie panieren. Sie besitzen keinen besonders intensiven Eigengeschmack und die Konsistenz ähnelt einem Marshmallow.
KINDERSPIELZEUG Stäublinge bekommen am höchsten Punkt eine Scheitelöffnung, durch die die Sporen mithilfe von Wind, Tieren oder Regentropfen entweichen können. Kinder haben besonders großen Spaß mit den reifen Pilzen, wenn die Sporen beim Draufspringen verpuffen.
VERWECHSLUNG Der Birnen-Stäubling *(Apioperdon pyriforme)* ist bräunlich und besitzt eine feiner strukturiertere Oberfläche, der Igel-Stäubling *(L. echinatum)* hat kleine Stacheln. Beide sind ungenießbar.

Dickschaliger Kartoffelbovist ☠

Scleroderma citrinum

FRUCHTKÖRPER: bis zu 8 cm breit
STIEL: fehlend, wurzelartige Myzelstränge
LEBENSRAUM: Mykorrhizapartner von Buchen und Eichen auf sauren Böden

KARTOFFELÄHNLICH, ABER GIFTIG Der Dickschalige Kartoffelbovist kommt in Deutschland sehr häufig vor. Er geht eine Lebensgemeinschaft mit Eichen und Buchen ein. Sein Geruch ist unangenehm intensiv metallisch und der Verzehr kann das *Scleroderma*-Syndrom auslösen, welches sich durch heftige Magen-Darm-Störungen bis hin zu Störungen im zentralen Nervensystem äußert.
STÄUBLINGS-DOPPELGÄNGER Du solltest ihn sicher ausschließen können, wenn du Boviste oder Stäublinge sammeln möchtest. Im Gegensatz zum Flaschen-Stäubling ist das Innere des Dickschaligen Kartoffelbovists auch bei jungen Exemplaren nie rein weiß, sondern leicht beige. Alte Kartoffelboviste werden zunehmen weich. Das Sporenpulver im Inneren ist gräulich-bräunlich bis schwarz.
VERWECHSLUNG Dünnschaliger Kartoffelbovist *(S. verrucosum)*, giftig. Erbsenstreuling *(Pisolithus arhizus)*, Trüffelarten (*Tuber* spec.), streng geschützt.

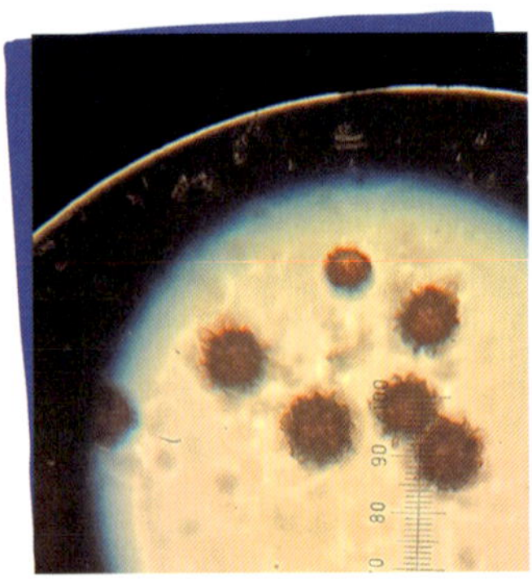

Die Sporen sehen aus wie kleine dunkle Igelbälle.

MEIN TIPP

Falls du mal die Möglichkeit hast, Pilze unters Mikroskop zu legen, lohnt es sich, die wunderschönen Sporen dieser Pilzart anzuschauen.

knollig-
rundlich
beige bis bräunlich
Haut grobfelderig
aufgerissen
jung fest und hell
dicke Außenschicht

grüne Sporenmasse
an der Spitze (Gleba)
aasartiger Duft
phallusförmiger
Fruchtkörper
entspringt
aus Hexenei

Gemeine Stinkmorchel

Phallus impudicus

FRUCHTKÖRPER: Hexenei 3 – 6 cm breit
STIEL: weiß, ähnelt einem Luffaschwamm
LEBENSRAUM: Zersetzer auf Streu

UNERWARTET ESSBAR? Die Stinkmorchel entspringt aus einer Art Ei, welches unter einer derben Hülle mit einer gallertartigen Schicht überzogen ist. Im Querschnitt kannst du gut die späteren Strukturen des Pilzes erkennen. Dieses sogenannte Hexenei ist essbar. Vor dem Verzehr solltest du allerdings die Gallertschicht entfernen. Es kann gebraten wie Chips geknabbert werden und besitzt einen rettichartigen Geschmack.

Eine Stinkmorchel kann innerhalb von wenigen Stunden schlüpfen.

VERWECHSLUNG Gemeine Hundsrute *(Mutinus caninus)*, Tintenfischpilz (S. 152), Dünen-Stinkmorchel *(P. hadriani)* – alle drei stinken und sind ungenießbar.

EXPERIMENT

Nimm ein reifes Hexenei – du erkennst es an der festen Spitze – und bette es in ein Glas mit feuchtem Moos. Platziere es draußen und schaue ihm beim Wachsen zu.

Tintenfischpilz

Clathrus archeri

FRUCHTKÖRPER: Hexenei 1,5 – 4 cm breit
LEBENSRAUM: Zersetzer auf Wiesen und auf Holzhäkseln, oft an alten Holzablageplätzen

NICHT HEIMISCH Tintenfischpilze kamen vermutlich mit Schaffellen auf dem Seeweg aus Australien und Neuseeland nach Deutschland und machen sich hier zunehmend breit. Mit seiner olivgrünen, stinkenden Sporenmasse lockt er Fliegen an, die darauf landen und die Masse sowohl fressen als auch mit ihren Füßen verbreiten. Die Sporen werden unverdaut ausgeschieden und können so weite Strecken zurücklegen. Die Hexeneier der Tintenfischpilze sind kleiner als die der Stinkmorchel und besitzen einen rötlichen oder lilafarbenen Myzelstrang.
VERWECHSLUNG Der Rote Gitterling *(C. ruber)* ähnelt dem Tintenfischpilz in Farbe und Geruch, der Fruchtkörper ist jedoch gitterförmig. Die Gemeine Hundsrute *(Mutinus caninus)* und die Himbeerrote Hundsrute *(M. ravenelii)* erinnern eher an eine dünne Stinkmorchel. Alle sind ungenießbar.

Gemeiner Schmutzbecherling

Bulgaria inquinans

FRUCHTKÖRPER: bis zu 3 cm breit
STIEL: sehr kurz bis nicht vorhanden
LEBENSRAUM: Zersetzer auf Laubhölzern, gern auf frisch geschlagenen Eichen

AM WEGRAND Den Schmutzbecherling findest du meist in großen Mengen auf unlängst abgeholzten und an Wegrändern liegenden Eichenstämmen. Anfangs wirkt er schüsselförmig mit brauner Außenseite, dann wird er zunehmend tellerförmig und schwarz.
KREATIV-PILZ Mit dem Schmutzbecherling kannst du beim Färben einen satt braunen Ton erzielen, du kannst ihn aber auch als Waldstempel nutzen. Legst du den Fruchtkörper über Nacht umgedreht auf ein weißes Papier, erhältst du einen tiefschwarzen Abdruck.
VERWECHSLUNG Drüslinge (*Exidia* spec.), ungenießbar.

Färbepilz!

Zum Weiterlesen

ANDREAS GMINDER, PETER KARASCH, ERHARD LUDWIG: Das Kosmos Handbuch Pilze. Kosmos

HEINZ GERBER: Morcheln. Kosmos

RITA UND FRANK LÜDER: Pilze zum Genießen. Kreativpinsel

VERONIKA WÄHNERT UND WOLFGANG FRIESE: Einfach Färben mit Pilzen und Pflanzen. Freya

JÜRGEN GUTHMANN: Heilende Pilze. Quelle & Mayer

NADJA FROTSCHER-KANKA UND ROSALIE KROHM: Trüffellou. Eigenverlag

ROBERT HOFRICHTER: Das geheime Leben der Pilze. Penguin

THOMAS LAESSOE UND JENS H. PETERSEN: Fungi of Temperate Europe Volume 1 + 2. Princeton University Press

ONLINE

www.pilzcoach-badenweiler.de

www.dgfm-ev.de

Register

Die gefetteten Zahlen zeigen dir, auf welchen Seiten du die ausführlichen Artporträts findest.

Impressum

Umschlaggestaltung von Gramisci Editorial Design (Sandra Gramisci), München, unter Verwendung von vier Fotos von Nadja Frotscher-Kanka. Das Motiv auf der Umschlagrückseite zeigt die Speisemorchel.

Mit 270 Fotos von Nadja Frotscher-Kanka.
Mit 3 Symbolen von Anna Schulz.

Alle Angaben in diesem Buch sind sorgfältig geprüft und geben den neuesten Wissensstand bei der Veröffentlichung wieder. Da sich das Wissen aber laufend weiterentwickelt, muss jede Anwender:in prüfen, ob die Angaben nicht durch neuere Erkenntnisse überholt sind. Jede Verwendung erfolgt auf eigene Gefahr. Weder die Autorin noch der Verlag haften für Schäden, die aus der Verwendung der im Buch vorgestellten Arten und Rezepte entstehen können.

DER NATURFÜHRER No. 1*

* Quelle: Media Control MC Metis, Deutschland, FY 2024, WG 420 – Natur und WG 422 – Naturführer, Umsatz

Gedruckt auf chlorfrei gebleichtem Papier

ISBN 978-3-440-17895-9
Redaktion: Lisa Hummel
Gestaltungskonzept: Gramisci Editorial Design, München
Klappengestaltung und Sonderseiten: Gramisci Editorial Design, München
Gestaltung und Satz: Sigrid Walter, Würzburg
Produktion: Markus Schärtlein
Druck und Bindung: Longo AG, Bozen
Printed in Italy / Imprimé en Italie

FSC® www.fsc.org
MIX
Papier | Fördert gute Waldnutzung
FSC® C023164

Nadja, erzähl doch mal …

WELCHER PILZ HAT DEINE LEIDENSCHAFT FÜR PILZE DAMALS SO RICHTIG ENTFACHT?

Ich glaube, es war tatsächlich der Flockenstielige Hexenröhrling, der meine Leidenschaft weckte und der mir jetzt mit mehr Pilzerfahrung im Gegensatz zu vielen anderen Pilzarten sogar recht langweilig vorkommt. Mittlerweile begeistern mich unter anderem die tödlich giftigen Pilzarten und die wahnsinnige Farb- und Formenvielfalt der Pilze.

Flockenstieliger Hexenröhrling mit leicht blauenden Flöckchen auf dem Stiel

GEHST DU AUCH MIT DEINEN KINDERN PILZE SAMMELN? (UND TEILEN SIE DEINE BEGEISTERUNG?)

Ja, meine Kinder sind ebenfalls begeisterte Pilzsammler und vor allem bei den Korbberatungen, die ja meist gegen Abend bei uns zu Hause stattfinden, sind sie immer vorne mit dabei und geben sogar schon Tipps an die Pilzsammler und erste Einschätzungen der gesammelten Pilzarten weiter.